aSsaggi
slow wine

NICOLAS JOLY

LA VIGNA IL VINO E LA BIODINAMICA

Slow Food Editore

Titolo originale: *Le vin, la vigne et la biodynamie*
Editions Ellébore-Sang de la terre, Paris 2007

Traduzione di **Elena Giovanelli**
Redazione **Grazia Novellini, Giovanni Ruffa**
Copertina **Roberto Fidale**
Impaginazione **Francesco Perona**

Prima edizione aprile 2008
Seconda edizione luglio 2016
Terza edizione agosto 2020

Slow Food® Editore Srl
Via Audisio, 5 – 12042 Bra (Cn)
Tel. 0172 419611 – Fax 0172 411218
www.slowfoodeditore.it

Direzione Editoriale
Carlo Bogliotti e Chiara Cauda

ISBN 978-88-8499-637-4

Non esiste materia in quanto tale.
Ogni materia ha la sua origine ed esiste unicamente
in virtù di una forza che induce le particelle a vibrare

Max Planck
discorso di accettazione del Premio Nobel

Sommario

Introduzione

Nicolas Joly

La biodinamica, in viticoltura, si impone sempre di più su tutto il pianeta. Ma questa evoluzione, che in taluni casi diventa quasi una necessità commerciale, in realtà non avviene per scelta filosofica né per spirito ecologico. Avviene, invece, perché permette di produrre vini più originali, più rappresentativi del luogo dove la vite è cresciuta, consentendo di affrancarsi da una enologia che negli ultimi due o tre decenni ha dovuto, per mascherare tutti gli effetti secondari dell'agricoltura cosiddetta convenzionale, porre in atto artifici che ben possono essere considerati come offese allo spirito delle Denominazioni Controllate. Certo, sottoposti a trattamenti di chirurgia estetica, più o meno intensivi, con l'aggiunta di lieviti aromatici, spesso ottenuti grazie alla genetica, i vini sono "buoni"; ma, altrettanto, sono anonimi, imitabili in qualunque regione del pianeta, finendo per somigliare a una persona educata che però non ha nulla da dire. È sulla base di queste considerazioni che ha preso avvio – dapprima lentamente, quindi con sempre maggiore impulso – lo sviluppo di un'agricoltura biologica, e poi biodinamica, che cercava prima di tutto di fare "parlare le viti", per liberare i vini da tutta una serie di cosmetici legali divenuti spesso – non sempre, per fortuna – un riferimento di qualità per la stampa del settore viticolo.

Dal nuovo approccio – optando per il quale occorreva imparare tutto da soli, visto che quasi niente allora veniva insegnato – nascevano vini a volte imperfetti, poiché l'apprendistato delle leggi della natura e delle loro esigenze richiede tempo. Ma un primo vantaggio, in ogni caso, stava nell'ottenere vini sani, ripuliti dalle terribili molecole di sintesi che subdolamente avvelenano il consumatore. Poi, poco a poco, di fronte al risultato ottenuto, il viticoltore che pratica il metodo biodinamico, si pone delle domande. Com'è possibile che con quantità così ridotte – da 1 a 100 grammi per ettaro – di preparati biodinamici, dinamizzati prima di essere sparsi, si possano rapidamente ottenere risultati tali da rigenerare un terreno ucciso da tanti anni, da decenni di diserbanti? Com'è successo che, senza neppure capire bene come, si sia riusciti ad aiutare la vigna, poche settimane prima della vendemmia, a meglio catturare le energie che diventano poi gusto, profumo, struttura, persistenza in bocca e che in seguito, quando il vino è pronto, offrono una formidabile resistenza all'ossidazione? Il vino, invece di degradarsi in un giorno o due, sboccia quasi fosse un fiore, e il suo schiudersi si prolunga a volte per una o due settimane, anche semplicemente lasciando la bottiglia ritappata sul tavolo.

Quali sono le forze, quali le energie particolari che, grazie alla biodinamica, nutrono in modo così ottimale la vite? E da dove provengono? Come corteggiarle e sedurle?

Ed è qui che occorre decidere di aprirsi a un altro mondo, di comprendere nella sua complessità quel grande organismo segreto che dà vita alla Terra e di cui Rudolf Steiner ci ha insegnato a servirci mediante la biodinamica.

La prima constatazione che si fa è che la vita non appartiene alla Terra: la Terra, il nostro buon pianeta, riceve la vita dal suo appartenere a un sistema solare e a un ancor più ampio sistema stellare. Senza questi grandi sistemi, saremmo ben poca cosa.

Ma come si manifestano sulla Terra le forze planetarie o astrali? In quale modo le infinite particolarità di un mondo stellare possono essere utilizzate, grazie a semplici gesti compiuti nei giusti momenti, per offrirci dei "concimi gratuiti"? La biodinamica è anche questo. Non si tratta più di trovare le molecole meno nocive o i prodotti più naturali per il trattamento delle viti, ma piuttosto di "ri-legarsi" – è questo l'etimo della parola religione – con un organismo più vasto.

Certo, è possibile praticare la biodinamica senza porsi simili questioni, limitandosi a seguire una serie di indicazioni e un calendario specifico. Ma così la biodinamica risulterà meno potente, meno rivelatrice delle originalità che ogni luogo può offrire se lo si riesce a comprendere nel profondo, se ci si rivolge a questo luogo come se fosse una persona, o un insieme di persone importanti. Alla fine, forse, ci si renderà conto che è proprio questa la percezione giusta, la più aderente alla realtà.

Nella sua essenza profonda, dunque, la biodinamica non si limita semplicemente all'utilizzo di preparazioni. Essa conduce anche alla scoperta dell'immensa diversità e originalità delle piante, che possono aiutarci, se riusciamo a comprendere le loro peculiarità, a contrastare, per esempio, le conseguenze delle incertezze climatiche di cui siamo responsabili. La biodinamica permette anche di scoprire i profili specifici dei nostri animali domestici, ognuno dei quali può agire in modo diverso sulla vite: sulle radici, sulle foglie, sulla fioritura o sulla fruttificazione. Essa permette di reagire alle conseguenze della monocoltura della vite, che, al pari di ogni monocoltura, rappresenta un'autentica sofferenza per la natura.

Se si comprendono queste cose, è possibile affrancare del tutto un vino dalla chirurgia estetica, mettendo agevolmente fuori gioco tutti i "buoni vini" artificiali.

Ma l'elemento più importante è rappresentato dall'uomo, quello con la U maiuscola: l'Uomo che ascolta la propria coscienza, la propria creatività, i propri talenti; l'Uomo nella sua parte celeste, artistica, l'arte essendo soprattutto questione di catturare un'idea, un'ispirazione per darle poi una veste terrena. Analogamente, il viticoltore che oggi pratica la biodinamica, metodica appena ai suoi esordi, e più ancora l'Uomo di domani – capace di acquisire gradualmente una conoscenza più profonda dell'organismo celeste che dà vita alla Terra, un po' come una madre dà vita al suo bambino – saprà far discendere nelle sue viti la nobiltà dionisiaca che permette di ottenere un vino "di cuore" piuttosto che un vino "di neuroni"; un vino medicamentoso, colmo delle sottili qualità capaci di guarire. Sarà davvero un buon vino, concepito secondo le leggi che portano la vita sulla Terra, un vino che manifesta l'eleganza del mondo superiore dal quale i precetti dell'agricoltura odierna tentano sempre più di mantenerci separati.

I principi della biodinamica sono altrettante aperture verso un mondo energetico, invisibile ma molto attivo, attraverso le quali potranno essere restituite all'Uomo la piena consapevolezza della propria essenza, ed equilibrio alla società nella quale egli opera un ruolo costante.

Ecco, la biodinamica, per chi davvero lo voglia, può essere l'accesso a tutto ciò.

Presentazione

Carlo Petrini

La fertilità, la vita stessa dei suoli, è in pericolo. In nome della produttività, abbagliato dalla corsa al profitto, l'uomo ha dimenticato che il cibo e il vino sono prodotti della Terra, e che la Terra chiede rispetto. Troppo a lungo offesa, la Natura potrebbe trasformarsi, già domani, da madre in matrigna, rifiutarsi di dare frutti negandoci il sostentamento e, con esso, molto di ciò che è legato al piacere di vivere.

È giunto il tempo di chiedersi se la strada fin qui seguita in agricoltura, quella di una logica "scientifica" orientata soltanto a massimizzare le rese, non ci abbia indotti a crederci più di quello che siamo: parte della Natura e del mondo, non padroni della Terra. Per troppi anni lo abbiamo pensato, comportandoci di conseguenza. Dal 1985 a oggi è stata utilizzata più della metà dei fertilizzanti chimici mai prodotti nella storia dell'uomo, negli ultimi vent'anni abbiamo immesso nella Terra la stessa quantità di prodotti chimici prima impiegati in un secolo: una crescita esponenziale. A questo punto un'inversione di rotta non è un'opzione, ma un obbligo nei confronti dell'ambiente in cui viviamo.

È dunque necessario considerare tutte le possibili alternative, recuperando i saperi antichi delle comunità produttrici del cibo e dei contadini, di chi per millenni ha vissuto in accordo con la Natura. Senza rifiutare la Scienza e le sue scoperte, bisogna chiederle di mettersi, con un atto di umiltà, sullo stesso piano di tante conoscenze troppo in fretta dimenticate o emarginate, figlie della pratica quotidiana e dell'esperienza, di conoscenze ancestrali e di rispetto. Si potrà così instaurare un dialogo paritario e fertile, lasciando spazio ai saperi dei contadini, all'agricoltura naturale, alla biodinamica, a ogni altro modo di produzione alternativo e pulito.

Dal suo *domaine* della Coulée de Serrant, nella Loire, Nicolas Joly regala agli appassionati uno dei grandi vini del mondo, un bianco dall'impatto organolettico straordinario, singolare e sorprendente. È il frutto esclusivo di un approccio olistico alla materia vivente, di una visione del mondo dove le forze cosmiche – la gravità, l'attrazione solare, i pianeti e le costellazioni – si misurano e infine trovano un equilibrio; dove l'uomo, consapevole di essere soltanto una pedina nel grande gioco dell'universo, riconosce i suoi limiti e non esula dal suo ruolo. Ne nasce una filosofia agricola che fa tesoro degli insegnamenti di Rudolf Steiner e, prima ancora, di Wolfgang Goethe, traducendosi in una pratica vitivinicola che, tenendo conto della sapienza di generazioni di contadini e di artigiani, diventa parte dell'armonia cosmica. Dispensandoci una lezione: il rispetto della Natura è imprescindibile, il valore di un terreno sano, vivo, è inestimabile. Quale follia ci ha spinto a dimenticarcene?

Prefazione

Carlo Triarico

Justus Liebig/Rudolf Steiner

L'agricoltura biodinamica è oggi di grande attualità grazie alle sue applicazioni di alta qualità e alle riconosciute esigenze, ormai ineludibili, di un cambiamento di direzione nella produzione agricola. La sua storia risale però a più di ottant'anni fa e ha attraversato ostracismi e un isolamento dovuto alla matrice culturale fortemente innovativa del paradigma scientifico occidentale. Nacque nei primi anni Venti del Novecento dall'esigenza di alcuni agricoltori e proprietari terrieri di risolvere gravosi problemi che interessavano le aziende agricole. L'allora recente rivoluzione chimica dell'agricoltura, iniziata a seguito degli studi di Justus Liebig, aveva comportato certo un miglioramento delle rese e dunque della vita degli agricoltori, ma anche iniziato a provocare un peggioramento a lungo termine dell'attività. Tale peggioramento poteva trovare riscontro, secondo i promotori del metodo biodinamico, nella incipiente degenerazione della qualità delle sementi e delle piante, in una maggiore propensione del bestiame a contrarre malattie e in uno scadimento generale e diffuso della qualità degli alimenti. A testimoniare quanto detto restano studi qualitativi e quantitativi prodotti in quegli anni. Dal nucleo di ricercatori che avrebbe dato vita all'agricoltura biodinamica fu denunciato allora che, mentre solo alcuni decenni prima l'erba medica poteva crescere ed essere raccolta sullo stesso prato per trent'anni di seguito, ormai non era possibile andare oltre la persistenza per quattro-cinque anni. Allo stesso modo le sementi di segale, grano, avena e orzo, che in passato potevano essere seminate per molti anni dopo l'annata della raccolta, non potevano più essere seminate che l'anno successivo. Si era costretti, così, a introdurre sempre nuove varietà e a rischiare di perderle dopo pochi anni. Tali problemi non si limitavano a investire i prodotti agricoli. Dobbiamo allo stesso nucleo di ricercatori, in particolare al veterinario Josef Werr e al medico Eugen Kolisko, lo studio, anche quantitativo, dell'aumento esponenziale delle malattie del bestiame, in particolare la sterilità e l'afta epizootica. Le ricerche erano guidate da Rudolf Steiner, con il progetto più ampio di esaminare le mutate condizioni dell'agricoltura per proporre nuovi sistemi produttivi.

Rudolf Steiner (1861-1925), epistemologo, uomo di scienza e letterato, aveva dato impulso, sulla fine del XIX secolo, a un movimento tendente in generale alla riforma della conoscenza e delle sue applicazioni tecnico-scientifiche, proponendo significative innovazioni in diversi campi dell'attività umana. Il movimento antroposofico da lui fondato, che contava allora decine di migliaia di iscritti, può essere certamente meglio compreso considerando il clima più ampio di innovazione radicale che attraversava la cultura occidentale in quegli anni. Allo stesso tempo si perderebbe la possibilità di apprezzarne il significato profondo trascurando l'unicità rivoluzionaria del suo messaggio. La ricerca per ricongiungere quello che di spirituale l'uomo poteva concepire con lo spirituale presente nella natura, fa del movimento antroposofico un punto di riferimento per chi volesse riconsiderare i fondamenti stessi della cultura occidentale. Questa, infatti, appare ancora oggi segnata da quelle scelte di inizio Ottocento che sembrarono spacciare irreparabilmente la via organicistica alla conoscenza. Nel delineare i fondamenti che reggono lo sviluppo dei diversi settori dell'agricoltura, Steiner indicò non solo la stretta relazione fra il terreno, le forze degli esseri viventi e quelle provenienti dal cosmo, ma anche quale fosse il metodo per potere riconoscere queste connessioni fin nei loro effetti sulle sostanze fisiche. Egli voleva aprire così il campo verso una ricerca a carattere pienamente sperimentale, i cui risultati sarebbero stati conseguiti seguendo, oltre alle relazioni di causa-effetto di tipo chimico-fisico, anche un pensare diverso, mobile, artistico. Questo approccio epistemologico fenomenologico si ispirava al metodo tracciato, tra la fine del XVIII secolo e l'inizio del XIX, dal letterato tedesco Wolfgang Goethe, le cui opere scientifiche Steiner aveva studiato, curandone l'edizione nazionale tedesca, a Vienna e a Weimar tra il 1881 e il 1898.

La nascita dell'agricoltura biodinamica

Il movimento antroposofico intendeva rispondere in modo originale ai limiti della concezione positivistica della scienza e dell'arte, proponendo un ampliamento delle conoscenze verso un nuovo programma di ricerca, la scienza dello spirito, con il tentativo di formulare un nuovo paradigma scientifico, innanzitutto a partire da dove Goethe si era invece fermato: pensare sul pensiero umano. Al centro della riflessione fu posta dunque l'attività spirituale libera del pensiero, processo articolato da contrapporre tanto alle forme di monismo meccanicista e materialista, quanto a quelle del monismo spiritualista, coltivato nell'idealismo. Un grande centro di ricerca, il Goetheanum, fu fondato per questo a Dornach nei pressi di Basilea in Svizzera, dove fu edificato, assieme a una avveniristica cittadella universitaria, un auditorium con oltre mille posti, rimasto fino a pochi anni fa uno dei più grandi teatri d'Europa. L'istituto accoglie stabilmente da allora centinaia di operatori dei diversi campi della ricerca. Numerose sezioni presero a operare in campo scientifico, artistico, letterario e filosofico. Interessanti sono le innovazioni allora adottate anche nelle strutture architettoniche del centro, che costituirono a lungo un riferimento per i progettisti che nel Novecento andavano riformando le modalità e le tipologie costruttive.

Con le sue ricerche in agricoltura Steiner propose di considerare che la causa delle malattie che colpivano le colture, e di conseguenza gli allevamenti animali, non era da ricercarsi soltanto nella pianta stessa o nei fattori patogeni esterni, bensì nelle condizioni più generali del terreno, dell'ambiente circostante e in fattori di influenza più complessi di quelli immediatamente esprimibili con la dinamica di causa-effetto. Decise così di compiere sperimentazioni in campo che furono avviate nel 1922 e i cui primi risultati furono divulgati già nel 1924, in un ciclo di conferenze riservate principalmente a professionisti impegnati in agricoltura e nella ricerca scientifico-spirituale. L'intento di Steiner era quello di dare loro nuovi impulsi conoscitivi per un'agricoltura che potesse guardare con maggiore attenzione ai fenomeni della natura in rapporto con l'attività produttiva. I limiti della visione espressa da una tecnica agronomica riduzionistica cominciarono così ad apparire evidenti ad alcuni agricoltori. A questi parve necessario gettare le basi per una concezione, diremmo oggi, "olistica" dell'azienda agricola, in relazione con l'ambiente circostante, con il pianeta e, infine, con il cosmo dei pianeti e delle costellazioni.

Fu appunto nel 1924 che, su invito del conte Keyserlingk, Rudolf Steiner ebbe la possibilità di tenere il corso sull'agricoltura che avrebbe gettato le basi essenziali per il lavoro futuro della biodinamica. Il corso si tenne nella tenuta di Koberwitz, presso Breslavia, dal 7 al 16 giugno 1924. Vi parteciparono circa cento persone. Durante il corso furono descritte le metodiche pratiche più indicate per il trattamento del terreno, del letame, del terricciato, dei preparati biodinamici per concimi e poi delle piante e delle loro avversità, dell'animale e della sua fisiologia e patologia, delle relazioni olistiche fra terra e cosmo, fino a occuparsi dell'organizzazione sociale ed economica dell'agricoltura. In tutto questo operare, fu ben presente l'impegno che doveva essere profuso nel ravvivare le forze e le risorse naturali che andavano rapidamente deteriorandosi a causa della pratica agricola comunemente in uso.

I primi anni

Fu già durante il corso, ed esattamente l'11 giugno 1924, che alcuni dei presenti fondarono il Centro di sperimentazione per l'agricoltura della società antroposofica, per consentire agli stessi partecipanti di studiare ed elaborare, in collaborazione con la Sezione di scienze naturali del Goetheanum, il contenuto delle conferenze, per poi metterlo a frutto con l'attività pratica. La Sezione di scienze naturali aveva il compito di raccogliere tutti i dati provenienti dalle sperimentazioni dei singoli agricoltori e di combinarli con i dati astronomici raccolti dalla dottoressa Vreede, per poi elaborare nuove tecniche da sperimentare nelle diverse situazioni climatiche, morfologiche, stagionali.

Alla fine delle conferenze, le attività per lo sviluppo di una nuova agricoltura cominciarono a moltiplicarsi velocemente. Nel 1927 nacque, per iniziativa degli stessi agricoltori, l'organizzazione per garantire e tutelare la qualità dei prodotti ottenuti con il nuovo metodo, che avrebbe preso negli anni Quaranta il nome Demeter (dal nome della dea greca della fertilità). La rete di distribuzione si rafforzò con l'istituzione di singole rappresentanze commerciali, soprattutto in Germania. I prodotti con marchio Demeter furono ben presto conosciuti e apprezzati dai consumatori per la loro qualità, tanto che finanche le cliniche e gli ospedali cominciarono a farne richiesta.

Contestualmente a questi sviluppi fu introdotto nell'economia d'impresa il concetto di "individualità" dell'azienda agricola. L'immagine sana dell'azienda fu ricondotta a quella di un organismo, le cui sorti sono inscindibilmente connesse all'armonia dei suoi componenti e alla interazione dell'insieme con il mondo circostante. Questa concezione non poteva mancare di ricadute nella trama delle relazioni sociali ed economiche. Lo scopo dell'agricoltura biodinamica non è, infatti, solo di risanare la terra ma anche di instaurare nuovi rapporti sociali. Le stesse aziende avviarono un lavoro di ricerca sulla qualità dei rapporti di produzione e, assieme all'attività lavorativa, furono tenute riunioni periodiche, discussioni, letture. Da queste nacquero le prime banche etiche.

La pesante crisi economica della fine degli anni Venti portò a un generale tracollo finanziario. I gravi scompensi interessarono anche il mercato agricolo che, nel 1928, subì un crollo dei prezzi. Grazie alle condizioni del tutto particolari in cui si era venuta evolvendo, l'agricoltura biodinamica risultò per molti coltivatori un rifugio dal disastro economico. Le aziende condotte con il metodo biodinamico andarono crescendo di numero. Per supportare i nuovi agricoltori nell'avviamento delle aziende e nella loro conduzione nacquero centri di consulenza in Germania e in Svizzera. Si sviluppò così un nuovo rapporto comunitario tra coltivatori, che non vide più agire soltanto le classiche figure contrapposte del datore di lavoro e del lavoratore. I prodotti furono venduti a prezzi giusti attraverso il canale costituito dai negozi Reform Haus, aperto per commercializzare prodotti naturali e di qualità.

Il regime nazista, dopo una iniziale tolleranza, fu fortemente ostile all'agricoltura biodinamica. Nel 1937, sotto la costrizione del nuovo governo, tutto il sistema agricolo biodinamico tedesco venne controllato con la costituzione dell'Associazione del Reich per l'agricoltura biodinamica. Questo status riuscì solo per poco tempo a garantire la sopravvivenza del nuovo metodo agricolo. L'ostilità espressa dagli ambienti dell'industria e del commercio, che nella Germania nazista interagivano significativamente con il potere politico, riuscì a emarginare progressivamente le attività dei biodinamici tedeschi. Il movimento antroposofico venne, così, accusato di "ebraismo".

La situazione in Europa si fece sempre più difficile per molti biodinamici. Nel 1939 Ehrenfried Pfeiffer, dopo anni di ricerche svolte prima a Dornach (Svizzera) e poi a Berlino, dovette riparare negli Stati Uniti. Qui poté continuare liberamente la sua attività, ma con serie difficoltà economiche. Fondò la locale Associazione per l'agricoltura biodinamica e cominciò una intensa e fondamentale attività di ricerca nel suo istituto e laboratorio a Threefold Farm nella Spring Valley, New York.

Nel 1941, in Germania ripresero virulente le ostilità e le persecuzioni verso tutta la cultura antroposofica, furono messi al bando e confiscati i testi, l'Associazione del Reich per l'agricoltura biodinamica fu sciolta, i membri del centro sperimentale arrestati. L'applicazione pratica in campo non giunse a essere del tutto vietata, grazie alle alte rese produttive raggiunte.

Il dopoguerra

Alla fine della seconda guerra mondiale, con la divisione della Germania, l'attività biodinamica dovette subire una grave battuta di arresto. In quegli anni la maggior parte delle aziende attive in Europa era ubicata nella Germania orientale e centrale. In quest'area, controllata amministrativamente dalla Repubblica Democratica Tedesca, fu soppressa definitivamente ogni attività agricola e di ricerca in biodinamica. Rimasero dunque in vita solo le poche e piccole aziende della parte occidentale, alle quali spettò il compito di preservare e diffondere il metodo.

Nonostante la scomparsa della maggior parte delle aziende, l'attività sociale dei biodinamici fu incrementata nel dopoguerra, mentre cresceva il numero delle aziende agricole. Nel 1946, nacque l'Associazione di ricerca per l'economia biodinamica, con lo scopo di tenere i contatti tra le aziende vecchie e nuove e con quelle di altri Paesi, dove intanto il metodo cominciava a essere applicato. Grazie al contributo del governo della Germania occidentale, a diverse donazioni private e ad apporti del volontariato, furono aperti centri di consulenza e di ricerca, tra i quali l'Istituto per la ricerca biodinamica che cominciò a operare nei laboratori del Goetheanum in Svizzera. Dal 1950 l'Istituto aprì una sede anche nei laboratori di Darmstadt in Germania Federale, dal 1946 al 1955 in quelli a Rodbjerggaard in Danimarca, dal 1958 in quelli di Järna in Svezia. Nel 1947 intanto era stata fondata l'Associazione per l'agricoltura biodinamica in Italia. Gli istituti di ricerca e sperimentazione cominciarono in quegli anni a moltiplicarsi in tutto il mondo, per sopperire all'immobilità del mondo accademico, favorendo la nascita di migliaia di aziende agricole a conduzione biodinamica in ogni continente. A questa attività si deve la quasi totalità della ricerca in agricoltura ecologica del Novecento.

Nel 1946, finiti gli effetti della soppressione delle attività della Società antroposofica, che aveva portato all'arresto di molti suoi esponenti nei Paesi dell'Asse, nacque dunque ufficialmente l'associazione che si sarebbe occupata della diffusione dell'agricoltura biodinamica. Lo scopo della sua fondazione era diffondere i metodi e la cultura dell'agricoltura biodinamica dovunque possibile e creare un coordinamento tra quanti si interessavano a questo metodo di coltivazione, fossero essi agricoltori, proprietari terrieri, tecnici o ricercatori.

L'associazione istituì la propria sede di riferimento mondiale in Svizzera, a Dornach. Sorsero via via diverse sedi nazionali e regionali nella maggior parte dei Paesi del mondo. Oggi comprende una rete di istituzioni e di centri di ricerca, di formazione e assistenza che operano nei cinque continenti, in circa 45 Paesi.

In Italia

In Italia l'Associazione per l'agricoltura biodinamica è la più vecchia organizzazione che si occupi di agricoltura eco-compatibile. Ha sede centrale a Milano e riunisce le aziende e i consulenti che in Italia praticano il metodo. A questa si affiancano numerose sedi periferiche in tutte le regioni italiane, che operano in coordinamento con il centro. Tra gli scopi costitutivi dell'associazione italiana compaiono la consulenza alle aziende, la ricerca scientifica e la promozione dell'agricoltura biodinamica, anche attraverso corsi di formazione, pubblicazioni, campagne di informazione. Si tengono regolarmente corsi introduttivi all'agricoltura biodinamica e altri corsi su argomenti specifici connessi (www.agricolturabiodinamica.it). Una agenzia formativa, l'Apab, con sede a Firenze, cura la crescita professionale attraverso progetti europei e interventi di ricerca e di innovazione sul territorio (www.apab.biz).

Partner dell'Associazione per l'agricoltura biodinamica nel nostro Paese è la Demeter Associazione Italia che gestisce, promuove e tutela il marchio internazionale dei prodotti derivati da coltivazione e allevamenti biodinamici. Il marchio collettivo dei produttori biodinamici Demeter (depositato presso l'Organizzazione mondiale della proprietà intellettuale nel 1961) ha la funzione di garantire i prodotti e i consumatori, assicurando che metodologia e prassi siano condotte secondo gli standard biodinamici. Questa pratica viene salvaguardata anche attraverso periodici controlli di qualità in ogni azienda associata. In Italia sono circa 400 le aziende agricole e di trasformazione associate alla Demeter, per un totale di 25 000 ettari coltivati e con un fatturato complessivo di 30 milioni di euro.

I. Passione dei vini e denominazioni di origine

Ovunque nel mondo la passione per il vino dilaga come una febbre, come la ricerca di un qualcosa che dia un senso supplementare alla vita. Si confronta l'espressione gustativa di vitigni impiantati in luoghi diversi del pianeta, si assaggia alla ricerca – quasi con apprensione – dell'impronta ineluttabile che un luogo dovrebbe conferire malgrado un clima sempre più disordinato; si lascia la bottiglia aperta per poi riprenderla "da capo" l'indomani e l'indomani ancora; si immagina, si congettura, ci si entusiasma, ci si interroga.

Sì, è davvero una passione crescente, che contagia tutte le professioni, tutte le categorie sociali, che aguzza i sensi, le impressioni e le sensazioni di ciascuno. Una passione per la quale si elabora un sapere senza mai raggiungere una certezza, per la quale si mettono alla prova la propria abilità e il proprio desiderio di conoscere concretamente un altro mondo, poco tangibile ma molto reale, quello degli odori, dei sapori, degli equilibri e delle armonie. Mondo fragile che si esprime sempre con discrezione, quasi con pudore, nella materia, e del quale si ha sempre un po' – soprattutto se si è artisti – la nostalgia. Desiderio di capire come questi equilibri, talvolta delicati, si siano realizzati; come questi slanci, questi lamenti, queste gioie della vite possano diventare sapori, odori o armonie quasi musicali.

È in tutto questo, dunque, che si trova la giustificazione del concetto profondo delle denominazioni di origine controllata. Quando, negli anni Trenta del Novecento, la Francia, seguita poi da altri Paesi – e preceduta dal Portogallo – ha creato l'Aoc [Appellation d'Origine Controlée] che cosa intendeva fare? Voleva semplicemente proteggere un sapere, una esperienza e un vissuto vecchi di secoli, che avevano dato modo di impiantare la vite in posti "buoni". E che cos'era, in quel periodo ancora poco intellettualizzato, un posto "buono"? Semplicemente, un luogo in cui la "signora vite" si trovava bene e poteva "cantare" senza remore la sua felicità. Vedremo che la sua canzone non è sempre gioiosa quanto crediamo. Ci basti per ora sapere che quando una vite si trova in un luogo in cui può esprimere tutta la sua potenza, in quanto essere vegetale tanto atipico quanto dotato di volontà, conferisce al suo frutto un sapore connotato dal luogo in cui cresce. Semplice, vero? Ciò significa che grazie alle sue radici la vite si sposa con il suolo, si lega intimamente a esso e con le foglie recepisce tutte le specificità climatiche del luogo in questione. Tali caratteristiche sono costituite da differenti qualità di calori che nascono in momenti diversi, da variazioni delle intensità luminose, da venti pieni di dolcezza o di tumulto, da piogge discrete o abbondanti, da foschie mattutine o notturne... Sono tutti i componenti di un clima che si uniscono per diventare dapprima materia vegetale e quindi frutto. Come avviene tutto ciò, in concreto?

Osservate uno stesso vigneto in primavera e poi in autunno, e considerate che tutti i rami, le foglie e i frutti – varie tonnellate per ettaro – che sei mesi prima non erano che gemme, non sono quasi per nulla costituiti da materia proveniente dal suolo, come troppo spesso si crede. Al contrario, la maggior parte di questa materia è un prodotto della fotosintesi, una brutta parola, priva di fascino, che nasconde un lavoro ancora molto misterioso che il mondo della scienza osserva senza saperlo riprodurre. La fotosintesi è la conversione di calore, di luce, di aria, dunque di un mondo impalpabile, quasi intangibile – come lo sono d'altra parte i sapori e gli odori citati poc'anzi – in materia molto reale, costituita da idrato di carbonio, amido, zucchero... Se da questa materia si esclude l'acqua – il termine scientifico è allora "materia secca" – si vedrà che per più del 92% essa deriva dalla fotosintesi, e dunque solo una parte davvero minima è legata al suolo.

Dalla primavera all'autunno assistiamo, troppo spesso senza esserne consapevoli, alla materializzazione, operata dalle piante, di un mondo quasi impercettibile ai nostri sensi, materializzazione nella quale il clima svolge un ruolo importante. È in questa materia prodotta che cominciano a delinearsi i sapori, i colori e gli odori tanto ricercati dagli amanti del vino, del tartufo, dell'olio di oliva, del caffè, del sigaro, del tè e così via. Ogni pianta adempie a questo compito "a modo suo", con le proprie originalità che tanto ci deliziano quando sappiamo riconoscerle, senza confonderle con i sapori artificiali che la tecnologia introduce di nascosto in alimenti e bevande.

Particolarità della vite

La vite, grazie a una sensibilità quasi eccessiva, eccelle nella capacità di creare sfumature gustative. È dunque interessante addentrarsi più in dettaglio nella comprensione della natura profonda della nostra amica o, per meglio dire, nella scoperta dei suoi gesti segreti, per accostarsi a quello che è il vino. Che cos'è la vite, nel regno delle piante? Qual è il suo carattere, il suo comportamento, la sua originalità? Come per ogni essere vivente che non agisce alla cieca alla stregua di un motore, questo quesito ha un significato importante. Per rispondere, torniamo indietro al ricco sapere dei botanici del Medioevo, così misconosciuto ai giorni nostri.

Costoro avevano una visione delle piante ben diversa dalla nostra. La materia che tanto ci interessa oggi – fin nelle sue minime particelle – era per loro qualcosa che serviva soltanto a riempire una forma, come la pasta che si mette in uno stampo da pane. Ciò che li attirava più di tutto era lo stampo: non certo i geni, che senza dubbio non conoscevano, ma piuttosto le diverse forze che scolpiscono, ogni volta in modo originale, il mondo vegetale e che gli conferiscono un comportamento particolare. Ma se si fosse parlato loro di geni, probabilmente avrebbero risposto: «Perché preoccuparsi degli operai che eseguono ordini precisi? Studiate piuttosto gli architetti, che organizzano questi geni». Ci avrebbero così indirizzati a tutto quel sistema energetico che i fisici cominciano oggi a recepire grazie alla risonanza magnetica, e che la biodinamica utilizza appieno.

I quattro stati della materia

Quando si leggono Hildegaard von Bingen, Culpeper[1] e molti altri autori celebri di quell'epoca così poco compresa dalla scienza odierna, si nota che il loro approccio alle piante è mediato da quelli che, da Platone in poi, sono chiamati "i quattro stati della materia". Grazie a questo formidabile sapere, è possibile guardare alla vite e al vino in un'ottica diversa.

Volendo riassumere l'antica scienza in poche righe, con molta approssimazione potremmo dire semplicemente questo: la Terra è dominata da una forza che si impone a ogni essere vivente e dunque anche a noi. È la gravità, la forza onnipresente che fa sì che una pietra cada non appena la lasciamo andare, o che la pioggia scenda sulla terra, o che la sera, dopo una giornata

1. Hildegaard von Bingen (Ildegarda di Bingen) (1098-1179): filosofa, scienziata, poetessa e musicista, figlia della piccola nobiltà tedesca, cresciuta in un monastero benedettino della regione del Reno, ha lasciato importanti opere che toccano tematiche teologiche e filosofiche, naturalistiche e mediche. Nicholas Culpeper (1616-1654), inglese, autore di scritti di astrologia, medicina e farmacologia. Tradusse le opere di Galeno, Sennert e Glisson e pubblicò in inglese la *Pharmacopoeia Londinensis*. Ebbe grande fama anche come erborista: il suo *Complete Herbal and English Physician* (1652), che comprendeva l'erboristeria degli antichi e quella popolare inglese, ebbe oltre 100 edizioni.

di duro lavoro, noi ci si senta così pesanti. Grazie a questa forza, gli atomi si aggregano tra di loro, la materia prende forma e può assumere uno stato di durezza. Senza la gravità il mondo fisico non esisterebbe.

Contrapposta a questa, per nostra grande fortuna, esiste un'altra forza, una polarità inversa. Nei Paesi occidentali è chiamata "attrazione solare", mentre nei Paesi orientali è spesso designata come forza di levitazione. Essa porta a uno stato di assenza di peso. Agisce in modo contrario alla gravità. Fisicamente è costituita soprattutto di calore, quindi di forze ascensionali. Osservate come una mongolfiera sale in aria dopo ogni fiammata. Con il calore la materia scompare, si disaggrega. Un pesante pezzo di metallo scaldato diventa un liquido e poi un gas, liberandosi così del suo peso. Questo ci mostra la labilità della materia e del mondo fisico, che oscilla tra il visibile e l'invisibile. Ne parleremo in seguito, più diffusamente.

Anche l'uomo è soggetto a questa forza. L'attrazione solare, indirettamente – un'altra entità – gli permette di svegliarsi leggero e ben disposto; grazie a essa, una buona notizia gli dà l'impressione di librarsi leggero attraverso le possibili vicissitudini della giornata. Ed è ancora l'attrazione solare a essere tanto attiva quando si prova entusiasmo.

Tra queste due forze opposte, i grandi saggi del passato dicevano che ci fossero due stadi intermedi. Partendo in primo luogo dall'alto, abbiamo lo stato di aria e di luce: è il primo stato leggermente terrestre, o fisico.

L'aria e la luce sono legati. La luce diventa visibile ai nostri occhi grazie all'aria. Senza l'aria il cielo non ci apparirebbe blu. Oltre lo strato dell'atmosfera, il cielo è oscuro. L'aria non è pesante, ma è tuttavia leggermente sottoposta alla gravità, ed è grazie a questa forza, per nostra immensa fortuna, che l'aria si mantiene intorno alla Terra. Compressa – a causa della gravità eccessiva –, l'aria è decisamente dura.

Illustrazione I — I quattro stati della materia e la pianta.

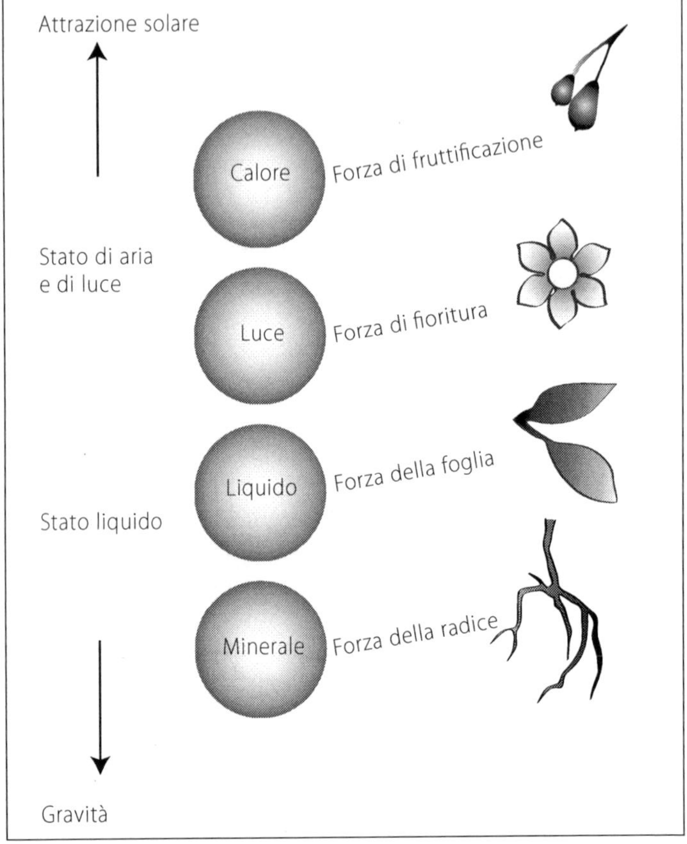

Questi esempi ci permettono di capire la vera natura dell'aria e della luce come primo stato della materia soggetta alla densità.

Segue poi lo stato liquido. Questo stato, il cui archetipo è l'acqua, costituisce in qualche modo un punto intermedio tra le leggi ascensionali solari e le leggi terrestri. L'acqua è più sottomessa alla gravità di quanto lo sia l'aria, è più terrestre, più pesante quindi dell'aria. L'acqua si trova giusto a metà strada fra le leggi gravitazionali della Terra e le leggi ascensionali solari. Sottoposta al freddo, diventa dura come una pietra e assume quasi uno stato minerale totalmente assoggettato alla gravità; sottoposta al calore, sfugge, si affranca dalle leggi della Terra e sale trasformandosi in brume e nebbie. L'acqua ci libera di una parte del nostro peso, ci dice Archimede, e così – con nostro sommo piacere – ci protegge in parte dalla gravità quando nuotiamo. Noi stessi siamo fatti per oltre il 90% di acqua, il che spiega l'effetto delle idroterapie, in quanto l'acqua è, come vedremo, portatrice di informazioni vibratorie grazie alle quali noi restiamo in vita.

Di tutto ciò, teniamo comunque a mente che l'aria e il liquido sono stati intermedi, e progressivi, verso la materia minerale pura e dura della nostra buona Terra. Di certo, nessuna vita può giungere sulla Terra senza prima passare dallo stato liquido, e questo vale anche per le piante. Teniamo anche a mente che un organismo vivente è costituito dall'interferenza costante di tutti e quattro gli stati, spesso con la predominanza dell'uno o dell'altro.

Perché questa lunga dissertazione in un libro sul vino? Per arrivare a comprendere il modo in cui le piante si legano ai quattro stati terrestri, e quindi a scoprire la natura profondamente atipica della vite.

Si può dire, in generale, che ogni pianta manifesta il legame con le forze terrestri della gravità con le radici, quello con lo stato acquoso con la linfa e le foglie, quello con la luce con la capacità di fiorire e quello con il calore con la forza di fruttificazione.

L'originalità da scoprire in ogni pianta

Le affermazioni di cui sopra possono essere approfondite a lungo e devono essere capite in modo molto concreto. Ma il fatto che rende il tutto ancora più interessante, è che certe piante manifestano comportamenti estremamente originali.

Illustrazione II — Il fuoco e i differenti stati di una medesima sostanza

Da: Rudolf Steiner, *Chaleur et matière*, Édition Triades

Osserviamo dapprima alcuni semplici esempi: una pianta che abbia, grazie alla sua forza archetipica, una forte affinità con la luce, saprà catturarla meglio e potrà esteriorizzare questa sua peculiarità con un fiore smagliante. Così si comporta il giglio, che la monarchia francese ha scelto come simbolo sulle sue bandiere. Se il giglio non avesse un forte legame con la luce, la sua capacità fiorale sarebbe considerevolmente ridotta. Un'altra pianta molto legata all'acqua potrà produrre grandi e abbondanti foglie, come quelle del rabarbaro. Un'altra ancora, molto legata al calore, riceverà una capacità di fruttificazione assai abbondante, come ci mostrano i cereali, per i quali ogni seme seminato viene moltiplicato per cento.

La cosa poi si complica laddove Signora Natura, con la sua creatività, esce dagli schemi abituali e gioca con i quattro stati della materia con tale ingegnosità da rendere i risultati a volte molto difficili da decifrare. Un esempio semplice è quello della carota, che utilizza la sua forza fiorale per colorare e profumare la radice, rendendo così il fiore triste e privo di attrattive. Il pino utilizza l'intenso legame con le forze del calore non per fruttificare, ma per produrre la sua resina così infiammabile; il che gli permette di resistere a freddi che poche piante sono in grado di sopportare. Il salice è molto legato non soltanto all'acqua, ma anche alla luce. Perciò non fa grandi foglie, ma dalle foglie riesce a espellere l'acqua vaporizzandola, e nello stesso tempo raggiunge lo stato di sorgente mellifera con abbozzi di fiori che deliziano le api; il salice è capace inoltre di colorare il suo legno di un bel giallo vivo. L'ortica non colloca il suo legame con il calore nei semi ma nelle foglie che, sparse sotto forma di tisana sulla vite, conferiranno a quest'ultima la capacità di fare circolare la linfa anche in caso di grave siccità. L'erba limonina prenderà le forze del sapore, destinate ai frutti che non fa, per metterle nelle foglie. Con la cannella, il sapore è passato nella corteccia. La durezza del legno riesce a risalire un poco nella foglia della magnolia...

C'è dunque un linguaggio segreto, a volte molto sottile, difficile da decifrare. Proprio in questo gli antichi sono stupefacenti, perché non solo riescono a decifrarlo ma lo mettono in relazione, in certi casi, con forze planetarie o stellari molto particolari, di cui hanno identificato l'azione o il comportamento nella materia. Se ne servono anche per fare, grazie a protocolli molto precisi, dei potenti rimedi. Una simile capacità di osservazione della vita è ancora riscontrabile presso i popoli cosiddetti primitivi, che hanno trovato nel mondo vegetale e animale che li circonda proprietà preziose. Eppure gli antichi non possedevano l'intelligenza nell'accezione in cui la si intende oggi, né disponevano degli strumenti sofisticati che, grazie ad analisi sempre parcellizzate e rigorosamente fisiche, distorcono la comprensione dei ricercatori. L'uomo del passato poteva, grazie ad altre facoltà, trovare risposte dai significati profondi. Lo si può notare da cose molto semplici: dal fatto, per esempio, di sapere tagliare una pianta o un albero in un momento che si adatti alla sua originalità – o diciamo piuttosto alla sua forza originaria –, cosa che ottimizza i suoi effetti, un po' come una nota musicale che utilizza l'ambiente per risuonare al meglio. Un tempo, senza calendario planetario, si sapeva, per esempio, tagliare l'olmo quando il pianeta Mercurio era in fase discendente.

Il linguaggio segreto delle piante

Occorre, in questo percorso, accostarsi a ogni pianta come a un labirinto di cui si debba decifrare il difficile enigma. È stato Goethe ad attirare la nostra attenzione su questo punto, parlando di una sorta di pianta primordiale della quale si doveva ritrovare lo schema nelle innumerevoli diversità di forme e di comportamenti che le piante ci mostrano sul piano fisico.

Ritrovare questo linguaggio segreto porta a una diversa comprensione delle piante medicinali e di quelle utilizzate per le preparazioni in biodinamica – la nuova agricoltura che si diffonde così rapidamente nella viticoltura, grazie agli effetti gustativi potenti che offre quando viene bene applicata e quando le piante interessate sono adeguatamente comprese...

Le piante medicinali, tra le quali la vite, sono piante che guariscono grazie alle loro atipicità molto varie. Qualche volta, la pianta attiva nelle sue radici, nei suoi steli, nei suoi fiori o nei suoi frutti uno o più processi che "normalmente" si situano altrove. Così la barbabietola mette lo zucchero prodotto in abbondanza dalle sue foglie non già nel frutto, ma nella radice. L'acero, invece,

Illustrazione III — Comportamenti delle piante secondo la polarità: attrazione terrestre/attrazione solare

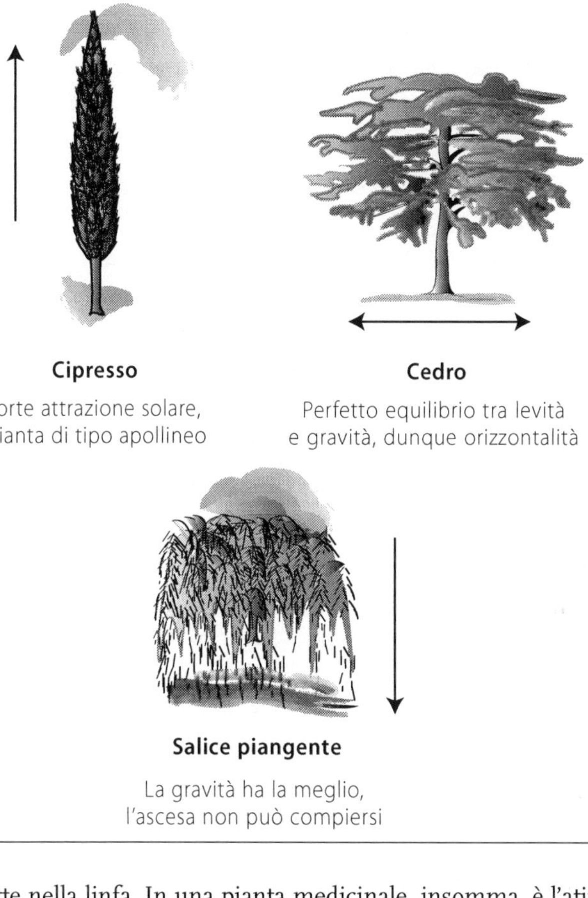

lo mette nella linfa. In una pianta medicinale, insomma, è l'atipicità a guarire... e per capire perché queste piante medicinali guariscono, bisogna capire che l'uomo porta in sé tutti i quattro stati della materia, che si ritrovano nei nostri quattro temperamenti, in ciascuno dei quali uno degli elementi è sempre dominante. Nessuno contesterà il fatto che il collerico, a causa di un legame più forte con il calore, sembri spesso sul punto di esplodere (esplode, del resto, meno di frequente di quanto si pensi). Il sanguigno, sempre in movimento, è come portato dall'aria che lo rende così mobile. Il flemmatico approfitta del suo legame particolare con l'acqua per beneficiare della sua inerzia e navigare attraverso le contrarietà della vita con buonumore. Niente gli si adatta meglio dell'esprimere la soddisfazione in questi termini: «Stiamo a galla». Il melanconico non riesce quasi mai, in ultima analisi, a dominare il fondo di tristezza che gli è imposto dal suo legame un po' eccessivo con la terra, con la pesantezza che gli è imposta dalla materia; e, paradossalmente, un buon modo per farlo ridere è di ricordargli quanto la vita sia triste.

Tutto questo si trova nella medicina di Ippocrate. Una malattia ha spesso inizio da una disarmonia tra questi quattro stati, in un punto preciso del corpo. Osservando – compito questo, oh, quanto difficile, che il microscopio non sarà mai in grado di assolvere e che l'antibiotico non potrà mai sostituire – dove un processo mostra un disequilibrio, si tenta di porvi rimedio prescrivendo una pianta o un organo animale contenente in sé, per sua peculiare originalità, questo specifico legame. A questo punto la pianta non è più considerata unicamente come portatrice di sostanze o di molecole, ma come un gesto o un legame potenziale; quasi un ponte a ristabilire un rapporto tra processi precisi che la nostra individualità, il nostro comportamento, ha inconsciamente reciso. Così deve essere intesa la medicina antroposofica ancora nascente e, in un certo qual modo, la biodinamica.

Osservazione dell'ortica

Cercheremo di illustrare tutto questo, in modo molto incompleto, con l'esempio volutamente semplicistico dell'ortica, che ci consentirà di accostare in modo più concreto questo nuovo approccio. No, non stiamo andando fuori tema. È questo approccio che ci aiuterà a conoscere meglio il vino, i suoi aspetti medicinali, la vite e le piante che aiuteranno la vite a svolgere al meglio il suo compito in presenza di un clima condannato a diventare sempre più disordinato.

Una rapida osservazione dell'ortica ci mostra che, al pari di un diplomatico consumato, essa sembra concentrare le sue attività più nel suo centro che nelle estremità: le radici rimangono superficiali, rifiutandosi di scendere in profondità nel suolo; i fiori, distribuiti lungo tutto lo stelo e non soltanto alla sommità (vedi figura), sono tanto discreti quanto poco attrattivi; quanto al frutto, si tratta di un minuscolo seme poco compiuto che rimane acerbo. L'ortica ci mostra, dunque, di concentrare nella sua foglia – dal dorso così chiaro e luminoso, quasi fiorale, e dal tatto così caustico – qualità che, di norma, non dovrebbero trovarsi lì. Sappiamo che la foglia è l'organo mediano della pianta, rispetto alle estremità rappresentate dalle radici e dai semi. Si può così comprendere come l'ortica sia una pianta che riporta al centro quanto molte altre piante esprimono invece alle estremità.

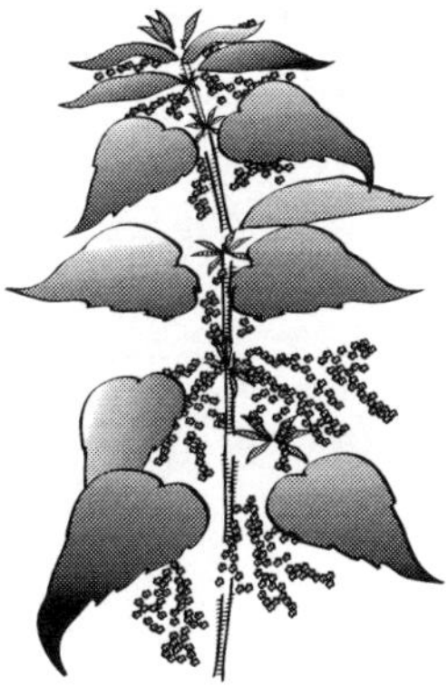

Ortica

È questa facoltà di radunare al centro delle cose, o di equilibrare degli estremi, che fa dell'ortica una pianta così utile per il cuore umano. Perché anche il cuore è un organo centrale, che tenta incessantemente di armonizzare delle forze tra un sistema nervoso, troppo spesso messo sotto pressione, e un sistema metabolico (digestione) che deve venire a capo dei disequilibri che troppo spesso noi gli imponiamo. Rudolf Steiner diceva che l'ortica è una pianta pressoché insostituibile. La vite la accoglie sotto forma di infuso con riconoscenza, in particolare quando la siccità infierisce. L'ortica può essere utilizzata anche come colaticcio quale dono benefico per i suoli, ma soltanto e a condizione che il suo odore non sia troppo forte, dato che un suolo non gradisce il lezzo.

Vogliamo dare in questo libro un'idea appena abbozzata dell'immenso sapere del passato relativo alle piante, così ben ripreso e sviluppato più tardi da Goethe, in un primo tempo, e quindi da Rudolf Steiner, fondatore dell'agricoltura biodinamica. Ci interesseremo, infine, non al solo aspetto fisico delle piante, ma anche ai loro comportamenti – ai loro modi di essere, potremmo dire – e ai loro sostrati energetici. Questo sapere botanico trova oggi il suo culmine nei meravigliosi libri di Pelikan[2] e di Grohmann[3], nei quali si può cogliere in modo assai concreto la realtà profonda e curativa delle piante, senza fare riferimento solo alle loro molecole. Intendo dire che si riesce infine a percepire quella melodia che ogni pianta è, tutti i componenti della quale formano insieme un accordo armonioso ogni volta diverso. È questa "globalità" che può guarire, più di ciascuna delle note isolate dell'accordo musicale sulle quali il nostro mondo scientifico si attarda troppo spesso per mancanza di conoscenza. Giovani, siate voi a raccogliere queste nuove conoscenze e cercate di approfondirle: vi saranno di fondamento per tutta la vita.

La vite e l'insegnamento agricolo

Ne sappiamo ora a sufficienza per parlare la lingua che dà accesso alla natura profonda della nostra amica vite.

2. Wilhelm Pelikan, *L'Homme et les plantes médicinales*, Éditions Triades, Paris 1982 [traduzione italiana *Le piante medicinali per la cura delle malattie*, 3 voll., Natura e Cultura, Alassio 1988-1999, *ndr*].
3. Gerbert Grohmann, *The Plant*, Steiner Books, Herndon 1996.

Certamente, come ogni pianta, la vite è divisa fra ciò che la trae verso il centro della Terra, la gravità, e ciò che la attira verso il Sole, il calore. Già i Greci definivano la vite come dionisiaca, in opposizione alle piante apollinee. Ora possiamo capire facilmente questo concetto. La pianta di tipo apollineo è quella che non fa altro che salire nell'aria, con una linearità che niente riesce a turbare, quasi volesse raggiungere il Sole. I cipressi, così sottili, così slanciati, che salgono a dieci o venti metri di altezza, ci forniscono una immagine perfetta di pianta apollinea. La religione cristiana ha scelto il grano come pianta apollinea per eccellenza. Nessuno è in grado di spiegare come uno stelo sottile come quello del grano possa salire tanto in alto continuando a sfidare così bene il vento. Ciò è possibile soltanto se un'agricoltura sana lascia che la silice svolga il suo ruolo. Diciamo, per inciso, che le attuali varietà di grano sono state, purtroppo, avvilite da varie manipolazioni, tra cui l'impiego dei terribili "accorciatori del gambo" che limitano la crescita degli steli a sessanta centimetri, quando un tempo salivano fino a 1,50 metri E così, questi frumenti non possono più "liberarsi" a sufficienza dalla Terra per potersi legare alle energie loro destinate, e si trovano nell'incapacità di dare all'uomo tutte le qualità di cui la specie è per sua origine portatrice. Li si accusa persino di produrre allergie, senza comprendere che è l'uomo a esserne la causa.

Al contrario della pianta apollinea, la pianta di tipo dionisiaco mostra una forte predilezione per le forze di attrazione terrestre. Una pianta di questo tipo riceve nelle sue radici una potenza formidabile, così da penetrare i suoli più duri e quelli più poveri e di trovarcisi a suo agio. Mai un frumento potrebbe fare questo. E certamente, già lo sappiamo, la pianta archetipica di tipo dionisiaco è la vite. Come vedete, non si può capire bene una vite se non comprendendo il suo contrario. Quello che il cipresso o il grano mettono come forze nei loro rami per sfidare la gravità e lanciarsi senza posa verso il Sole, la vite lo riceve nelle sue radici per scendere sempre più in basso e penetrare la terra più ingrata e sassosa.

E questa forza permette alla vite di non dover richiedere che in piccola misura elementi nutritivi. Si trovano radici di vite a trenta o quaranta metri di profondità, a volte di più. Anche se il suolo è fatto di roccia, la vite approfitta del minimo interstizio per insinuarvi le sue radici. Per questo eccessivo legame con le forze della Terra, la vite è pressoché incapace di compiere da sola la minima ascensione verso l'alto. Non dico che sia come una liana, anche se è un concetto che capita sovente di ascoltare ma che è del tutto inappropriato, perché la vite è molto di più. Non appena i suoi rami salgono un poco al di sopra del suolo, se non trovano nulla cui afferrarsi, saranno ripresi dalle forze della Terra. Occorre allora metterle pali di sostegno, aiutarla, con fili di ferro o picchetti o alberi morti – come si fa a volte in Portogallo – perché trovi un supporto che le consenta di compiere questa ascesa di cui ha, forse, un bisogno immenso. Quando si vedono, sul finire della primavera, i movimenti pressoché smisurati che la vite compie per slanciarsi nell'aria, non si può restare insensibili a quella che, a questo punto, potrebbe essere definita una nostalgia solare. Ogni tralcio che cade è in cerca del minimo appoggio per riprendere un nuovo tentativo di ascesa. La vite è prigioniera della Terra, lo si deve capire. È la sua condizione di prigioniera della gravità, a dominarla. Questo è scritto nel mito greco che narra come la figlia di Persefone, Demetra, viene rapita da Plutone, dio "sotterraneo", simbolo della gravità e della volontà. È così che Persefone diventa prigioniera delle dure leggi della Terra, al pari di suo figlio Dioniso, che poi sarà fatto a pezzi dai Titani. Anche questi ultimi simbolizzano le forze della Terra.

La gravità è la forza che imprigiona ciò che entra nel campo terrestre, che riveste di materia, che isola, e dunque che separa da un tutto energetico. Essa individualizza sul piano fisico, facendo nascere per l'uomo la nozione di "me" o di "io" che ci distingue gli uni dagli altri, nel bene come nel male. Ed è questa globalità perduta che l'uomo deve cercare di riconquistare. È il secondo Dioniso che rinasce quando il suo cuore è salvato e affidato a Zeus.

La vite è dunque la pianta archetipica della Terra, quella che con lei meglio si sposa nella sua natura profonda, accettando tutte le forze di gravità. Osservate: i fiori sono quasi nascosti nel suo seno e spesso volti verso il basso. In genere, le piante fioriscono nelle parti periferiche e al di sopra delle foglie. La vite è troppo attirata dalla Terra per poter fare altrettanto; per trovarne i fiori quasi nascosti nel seno bisogna scostare i rami e le foglie. Ma non lasciamoci trarre in inganno: malgrado la loro piccolezza e la loro discrezione emanano un profumo che si percepisce a parecchi metri di distanza, mostrandoci in questo modo che la vite mantiene, nonostante il suo stato terrestre, un legame molto forte con il mondo solare... Essere prigionieri della Terra non vuole dire avere perso ogni legame con il sistema solare, con il mondo formatore. Al contrario, è questo isolamento, questa nostalgia che genera un sovrappiù di invocazione al mondo solare, come per reazione. È da questa atipicità così marcata che la vite trae le sue capacità di fare un prodotto tanto nobile e complesso come il vino.

Questo ci consente di sollevare una questione importante, mai affrontata dalle nostre scuole viticole, troppo distanti, ahimè, da tali considerazioni qualitative: è necessario, in quanto viticoltore, aiutare la vite ad allontanarsi un poco dalla Terra – dunque, a rigenerarsi – uscendo dalla sua "prigione" terrestre? Voglio dire: bisogna aiutarla a elevarsi, a diventare un poco apollinea, grazie a un impianto di pali o a una potatura che le permetta di arrampicarsi, o anche, per esempio, irrorando le sue foglie con una semplice tisana di cipresso? O si deve, al contrario, accettare, se non rafforzare, questo suo legame con la gravità, riducendola in altezza, per esempio, ogni anno durante la potatura, così da forzarla a restare rasoterra? Si tratterebbe, in questo caso, con tale iniziativa, di stimolare ancora di più il forte temperamento di cui Donna Natura l'ha gratificata, per consentirle di vivere in condizioni tanto difficili. Un simile intervento non potrebbe conferire al vino ancora più nerbo e slancio?

Possiamo prendere come esempio il caso di un bambino: fino a che punto lo si deve viziare o correggere per metterlo bene in risonanza con se stesso? Fino a che punto ci si può spingere? Allo stesso modo, il viticoltore deve considerare l'età delle sue viti, la generosità del suolo, la latitudine del luogo, l'orientamento dei pendii, i venti dominanti, l'idrometria... prima di prendere una decisione che connoterà la sua vendemmia di pienezza, di durezza o di atipicità, a meno di non ricorrere a una mendace tecnologia. È affrontando tutta questa serie di problematiche che ciascun viticoltore sceglierà la sua via, con la propria creatività, per mettere al meglio le sue viti in risonanza con le loro forze archetipiche. Aggiungiamo semplicemente che ogni specie vegetale è dotata dalla natura di forze di cui ha bisogno per condurre il suo compito a buon fine. In che misura l'uomo, in agricoltura, abbia fiaccato negli ultimi decenni, per mancanza di comprensione, questo capitale prezioso, resta la questione fondamentale.

Non è forse tutto questo che dovrebbe costituire un insegnamento agricolo: poter donare agli allievi una creatività, una libertà, grazie a un sapere più vasto, anziché predicare delle ricette o un meccanismo di pensiero che generano una incomprensione delle piante e che aprono la strada a enormi mercati di assistenza e consulenza?

In un luogo bene adattato a un particolare vitigno, un'agricoltura saggia consente alla vite di esprimere totalmente la sua natura profonda. Inoltre, ogni viticoltore può connotare le sue viti – lo vedremo – con una impronta personale, grazie ad atti agricoli scelti con giudizio, che certamente si ritroveranno nel vino.

Solo l'agricoltura e la comprensione profonda delle leggi della natura e dei suoi sostrati, oggi così ignorati, possono fornire un'arma nobile per generare la vera diversità di espressione di ogni denominazione. Ritenere che questo lavoro si debba fare nella cantina è, lo vedremo, una mancanza di comprensione che affligge generalmente i viticoltori, che hanno dovuto trasformare le cantine in fabbriche per rimediare, in modo imperfetto, a errori agricoli ancora poco compresi.

In via generale, troppi agi dati alla vite – intendo dire con ciò, per esempio, troppo letame, o suoli eccessivamente puliti che eliminano la concorrenza di altre piante; o una densità di piedi di vite per ettaro troppo bassa, e dunque sempre un eccesso di forze del suolo – comporteranno un eccesso di forze fogliari e un vino piuttosto molle, un po' facile e privo di slancio. La vite, in quei casi, non avrà avuto bisogno di ricorrere appieno al suo temperamento potente, alla sua forza archetipica, per condurre a buon fine il raccolto connotandolo con la sua autentica natura.

Queste considerazioni, forse troppo professionali per semplici estimatori del vino, non hanno altro fine che di spiegare perché un numero sempre maggiore di viticoltori parla più dei vigneti che della cantina, quasi a sottolineare i gravi errori di un passato in fin dei conti ancora molto attuale. Si prospettano qui questioni profonde su come l'uomo possa infine, grazie alla sua cultura, al suo sapere, chiedere – e non più imporre – alla pianta un certo lavoro. È in questa sinergia tra l'uomo e la pianta, e non nell'astrazione di un sapere soltanto materiale, che si può partecipare alla genesi di un grande vino. Care scuole agricole, volete prendere coscienza delle condizioni di aridità intellettuale nelle quali costringete troppo spesso i vostri allievi? In che misura limitate la loro creatività? Quanto li allontanate da loro stessi e dalle loro qualità umane? Quando insegnerete loro a osservare la vita o, per esempio, il comportamento di una foglia di vite che, dal momento della nascita, si volge verso il basso, a differenza di una foglia di alloro, sempre attratta verso l'aria? Siete almeno consapevoli che, con questo gesto, la foglia vi rivela la sua natura profonda?

Non è forse tempo di insegnare la personalità di ciascuna pianta, così da poterle consentire di esprimersi pienamente grazie a un'agricoltura sana, e riuscire a produrre per l'uomo un'alimentazione ricca di forze vive?

Illustrazione IV — Comportamento delle foglie delle piante in funzione della loro natura. Attrazione solare/attrazione terrestre

1. Vite: le forze del basso dominano, le foglie sono volte verso il suolo

2. Vite vecchia: le forze di orizzontalità dominano, i rami sono paralleli al suolo

3. Alloro: le forze dell'alto dominano, le foglie e i rami sono attratti verso il cielo

Quello che è importante che voi, estimatori del vino, comprendiate è, innanzitutto, la natura dionisiaca della vite, e poi che cosa implichi il rispettarla, affinché possa bene legarsi alle qualità più sottili del suolo e del clima; affinché possa unire al meglio l'autenticità del suo essere individuale alla qualità del luogo in cui cresce.

Si riscontra dunque nel viticoltore appassionato un cercare "altro", un cercare sapere, un cercare i sostrati che danno vita alla vite e che le consentono di pervenire a tanta eleganza nella sua uva.

E ora, superato questo primo passo, dobbiamo, ahimè, affrontare un argomento doloroso: che cosa è stato fatto della vite negli ultimi decenni?

2. Gli errori agricoli

Fino alla fine degli anni Cinquanta non tutti i vini erano buoni, anzi, ma quasi tutti erano veri. Oggi si è quasi al punto di rimpiangere il cattivo vino vero. Intendo dire che dobbiamo continuamente confrontarci con vini per i quali la vite non ha potuto condurre a buon fine la sua opera, e nei quali la chirurgia estetica è dovuta continuamente intervenire, con i mille artifici che la tecnologia ci ha messo a disposizione, per pervenire alla fine a un buon vino privo di anima. Ci si trova davanti a buoni vini falsi nei quali, in ultima analisi, la denominazione è presente più sull'etichetta che in bottiglia. Il gusto, pieno dei caratteri originali che ogni denominazione controllata garantiva per legge al consumatore, non c'è più.

Com'è potuto avvenire tutto ciò? Che cosa è successo?

Il diserbante

È interessante vedere come tutto quanto sia stato scaltramente orchestrato e come il viticoltore stesso sia stato ingannato.

In un primo tempo si è andati a promuovere, presso i viticoltori, un prodotto molto allettante: il diserbante. E questo è il primo grande dramma della vite. Un viticoltore, in primavera e in estate, doveva – oggi le regole, come vedremo, sono cambiate – assolvere al compito grande e impegnativo di mantenere pulito il terreno. Si tratta di un lavoro manuale faticoso, che si fa in periodi

Illustrazione V — Vite di un vigneto diserbato dopo dieci anni: l'effetto ottenuto è di avere fatto risalire le radici in superficie, a detrimento della qualità della pianta

nei quali la natura lo sollecita senza sosta. Così, certo, un diserbante costituiva una forte tentazione. Molti lo hanno provato. Quelli che lo consigliavano con tanta insistenza si sono ben guardati dal parlare di quel fenomeno così importante per la qualità dei vini che gli scienziati chiamano micorriza. Di che si tratta? Di qualcosa di molto semplice: per nutrirsi, una radice ha bisogno dell'aiuto dei microrganismi del suolo, un po' come noi abbiamo bisogno delle mani per mangiare. Ogni tipo di microrganismo permette alla radice di assimilare un particolare aspetto geologico del suolo. In loro assenza, la radice è alla fame, come lo saremmo noi davanti a una tavola carica di cibo avendo le mani legate dietro la schiena.

Il formidabile imbroglio commerciale del diserbante consiste nel fatto che in pochi anni distrugge la quasi totalità dei microrganismi del terreno. Nei primi anni, questo effetto genera fiducia, in quanto la morte di questa microflora concima la vite. Ma dopo cinque, otto anni, nei terreni resta ben poco di vivo. Se scavate un buco in un terreno diserbato da quindici anni, è spesso demoralizzante vedere come la vita che costituisce un terroir sia quasi del tutto scomparsa. E ovviamente, non potendoci vivere, le radici risalgono alla superficie del suolo.

I concimi chimici

Traduciamo le conseguenze di questo assassinio segreto del suolo. Poiché la vite non può più nutrirsi del suolo, diventa ormai possibile vendere in grandi quantità ai viticoltori un promotore della crescita. Questo è il secondo grande dramma, immensamente lucrativo, delle nostre vigne. Si schiude un nuovo grande mercato, che certo già esisteva in precedenza, ma in misura assai discreta: quello dei concimi chimici; da spargere prima sui terreni, e quindi sulle foglie (concimi fogliari). Non entreremo qui nel dettaglio, sarà sufficiente comprendere che un concime chimico è essenzialmente un sale, e che un sale accresce il bisogno di acqua. Assumete un cucchiaio di sale e vedrete la sete comparire; dovrete bere per compensare questa salinità eccessiva. Lo stesso è per le piante. Osservate come un grosso cavolo, una volta cotto, vi restituisca tutta l'acqua di cui lo si è costretto a saturarsi.

E gli effetti di questi concimi non sono, ovviamente, indifferenti. Oltre al fatto che le viti di tutto il mondo sono nutrite allo stesso modo, forzando troppa acqua in una pianta si invita la natura – che tende sempre a ristabilire un equilibrio – a reagire, a costo di farlo ricorrendo a malattie. I microbi, i virus o le malattie crittogamiche devono essere considerati innanzitutto come sintomi di un disequilibrio o di una debolezza. Questo dovrebbe essere scritto in lettere auree sulla porta di tutte le scuole di agricoltura, che a quel punto non agirebbero più come agenti commerciali per l'industria fitosanitaria. Non sono i microbi o i virus i veri responsabili delle malattie agricole, come tanto si vorrebbe farci credere. Virus e microbi non sono che degli esecutori, degli spazzini, come i granchi nel mare, incaricati di distruggere quello che non è abbastanza vivo. Contrastandoli senza avere corretto il disequilibrio che li ha convocati, si accresce lo stato di debolezza, visto che, per ottenere una guarigione solo transitoria, si apportano molecole estremamente pericolose, che isolano ancora di più la pianta dal contesto vivente di cui ha bisogno per ritrovare la salute. Comprenderete dunque come si venga a creare, irrimediabilmente, in pochi anni, il terreno per una malattia più complessa e ancora più lucrativa.

Il dramma "sistemico"

La breve trattazione fatta sopra ha semplicemente lo scopo di spiegare come i concimi chimici abbiano generato un forte incremento delle malattie crittogamiche, tipo oidio e peronospora. Sono malattie che certamente esistevano già prima, ma con una incidenza infinitamente minore. La sovrabbondanza di acqua che viene forzata con i sali chimici ogni volta che piove e senza rispetto per la crescita che solo la stagione primaverile deve apportare alle nostre viti, richiama la presenza dei funghi, che tentano di regolare questo eccesso d'acqua insediandosi sulle foglie. La prima conseguenza di ciò è che i prodotti di trattamento del passato, assai benigni in quanto a tossicità quando erano utilizzati in dosi ragionevoli (il rame della poltiglia bordolese o lo zolfo), non hanno più avuto sufficiente efficacia anche aumentando fortemente le dosi, che a quel punto potevano risultare tossiche. Si è così aperta la porta a un terzo dramma, assai temibile per la qualità dei vini.

Questo dramma è designato con il termine di “sistemico”. Dopo avere trovato nuove molecole, tanto pericolose quanto efficaci, per inibire la comparsa di queste malattie che ci si ostinava a non capire, si è inventato un processo che forza la vite ad assorbirle nella sua linfa. Tecnicamente geniale, perché davvero la malattia non può più manifestarsi. Ma grave, sotto il profilo della qualità. Cerchiamo di capire bene che cosa è successo.

Fino agli anni Settanta, queste pericolose molecole di sintesi restavano alla superficie delle foglie e dei frutti. La pioggia le lavava via, la donna di casa se ne sbarazzava molto facilmente con un risciacquo. Tutto questo inquinava i fiumi, ma non ancora in modo eccessivo gli alimenti. Il nuovo procedimento forza queste molecole pericolose a introdursi nella linfa in meno di un’ora. È molto pratico, ma questi veleni, tossici al punto che il viticoltore che li vaporizza è obbligato per legge a indossare una tuta stagna e una maschera per respirare, ormai infiltrano, grazie a detto procedimento, il vegetale. Sì, avete capito bene, queste molecole sono nella linfa, quella che genererà la nostra frutta o la nostra verdura. Si ritiene che la vite, ormai avvelenata, possa smaltirle, se tutto va bene, nel giro di due mesi. La tossicità di alcuni prodotti di questo tipo è così grande che tre soli centimetri cubi messi in un uovo uccidono all’istante la faina – animale, oh, così veloce – che lo mangia. Va precisato che le dosi utilizzate in viticoltura sono di molti litri per ettaro.

Per giunta, ci si è “dimenticati” di dire ai viticoltori che la linfa è il legame principale della vite con il Sole o il sistema solare, dunque con quanto genera il gusto, la vita, le forze di invecchiamento. Capirete che una linfa avvelenata – la parola non è troppo forte – non può svolgere lo stesso lavoro qualitativo.

Attraverso tutti questi drammi, a volte ancora definiti progresso, si è dunque pervenuti alla certezza di vendemmie abbondanti, ma poco connotate da un suolo indebolito e da una originalità climatica che la linfa mal recepisce; dunque poco connotate dalla propria denominazione.

La clonazione, un'espressione attenuata della specie

Il presente compendio non permette di approfondire molti dettagli importanti. Ma bisogna anche, tuttavia, rendersi conto dell'impoverimento qualitativo generato dalla clonazione. Ciascuna specie di vite – chenin, chardonnay, cabernet... – ha in sé migliaia di caratteri originali distribuiti in modo ineguale in ogni singolo ceppo. È per questo che, in passato, per reimpiantare delle vigne si praticava la selezione detta massale, fatta a partire da centinaia di piedi, ciascuno portatore di virtù differenti. E da questi veniva ricreata una popolazione più grande. Per ciascun clone si è preferito isolare un solo piede, in genere molto produttivo, portatore di una o due grandi qualità aromatiche molto evidenti, dimenticando che la bellezza viene generata davvero solo quando una molteplicità di caratteri trovano un equilibrio tra loro, l'uno favorendo l'azione dell'altro. Questo unico piede è stato moltiplicato in migliaia se non in milioni di esemplari. Anche se ora sono stati selezionati svariati cloni per singolo vitigno, il problema, in fondo, continua a persistere. Inoltre, i notevoli incrementi delle rese hanno costretto a effettuare vendemmie verdi, vale a dire a eliminare un soprappiù di grappoli prima della loro maturazione. Queste pratiche, molto attuali, lungi dal mettere in evidenza gravi errori nella selezione, sono oggi presentate e spesso considerate come atti virtuosi. Su un piano industriale, i cloni rappresentano un grande progresso. Provenendo dal medesimo piede di origine, tutti questi discendenti fioriscono e possono essere vendemmiati nello stesso periodo, e addirittura con sistemi meccanici. Ma sul piano della complessità della piena espressione della specie che ogni vitigno rappresenta, questo costituisce un vero e proprio impoverimento. Detto in altri termini: la discussione su un qualsiasi soggetto, affrontata da due o da trenta persone di carattere diverso, non perverrà certo a un medesimo livello di profondità. Il clone, che ha regnato sovrano per trent'anni, ha impoverito la capacità dei vitigni di esprimere la pienezza o la ricchezza gustativa delle rispettive specie.

Concludiamo questo capitolo dicendo semplicemente che un vino, poco connotato dalla sua origine, è difficilmente commercializzabile se non è, per così dire, "imbellettato". Si è così potuto aprire l'uscio al quarto e ultimo dramma della vite, proponendo "rimedi" pressoché imprescindibili ai viticoltori, divenuti ormai prigionieri di un sistema che costa loro spesso, in trattamenti e consulenze, fra i 1000 e i 1500 euro per ettaro all'anno. La tecnologia ha così potuto entrare in modo massiccio nei vini, finendo per distruggerne il senso profondo.

La Francia, così ricca di *terroirs* e microclimi, era avviata a perdere, senza nemmeno averne il sospetto, l'arma migliore di cui disponeva per vendere i suoi vini nel mondo intero, mettendosi alla portata della concorrenza mondiale...

3. Le energie particolari di un luogo

Sono state scritte talmente tante cose sulla cantina, che qui ci limiteremo a parlare di quanto, generalmente, non viene mai detto; in particolare delle forme utilizzate in una cantina da invecchiamento o delle forme della cantina stessa, di quello che implicano e del sapere necessario per comprenderle bene. Tutte queste cose, infatti, portano a capire in modo completamente diverso quella che chiamiamo vita.

Prima di tutto, ripensiamo semplicemente al ruolo di una cantina. La regola base è semplice. Quando la genesi dell'uva, che si compie dalla primavera all'autunno, è il puro prodotto delle forze della natura – vale a dire quando la vite, con tutta l'originalità che la sua varietà le conferisce, può, a modo suo, trasformare il clima in cellulosa, amido, zucchero, senza essere disturbata da molecole di sintesi molto tossiche o da fattori di crescita artificiali – i mosti sono pregni di una sorta di armonia o di equilibrio che permette loro di comportarsi bene in cantina.

Tutti i viticoltori che praticano un'agricoltura sana potranno confermarvelo. Restano da compiere, ovviamente, atti semplici, basilari, come la follatura o il travaso. Ma se voi non ostacolate la vite mentre svolge il suo lavoro, meglio ancora se la aiutate a svolgerlo bene – e per questo è necessaria una visione macrocosmica della vita –, se i terreni sono ben posizionati, se i vitigni vi si sono adattati, la cantina è solo una maternità nella quale si assiste – niente di più o quasi – al buon andamento delle cose.

Certo, ci sono alcuni piccoli segreti – che del resto segreti non sono quasi più – riguardo ai tempi di pigiatura o di fermentazione, o riguardo alla durata del contatto con la feccia. Certo, tutti questi atti hanno effetti non trascurabili, ma complessivamente non resta molto da fare in cantina, se non osservare ammirati quello che avviene. Non c'è nulla, del resto, di così sorprendente. Si è semplicemente tornati alla situazione che per molti secoli ha predominato, fino alla fine degli anni Quaranta-Cinquanta, quando un'agricoltura ragionevole permetteva ai grandi *terroirs* di offrire vini ancora maestosi cent'anni più tardi. Se, per contro, ci si vuole sostituire alla natura senza comprenderla, se si ritiene, come si insegnava fino ad alcuni anni orsono nelle più grandi regioni viticole, che il suolo è un sostrato morto e privo di importanza, allora l'elaborazione del vino, prodotto da una vite a tutti gli effetti "snaturata", diventa talmente rischiosa che la presenza di una costosa consulenza a tempo pieno nella cantina diventa irrinunciabile. Perché stupirsi di un comportamento irragionevole del mosto in cantina, e non stupirsi di un comportamento agricolo spesso micidiale nei vigneti? È solo in base a quest'ultimo punto di vista che si può davvero sostenere che senza il lavoro in cantina non si avrebbe del vino decente.

In effetti, si può dire, in modo alquanto schematico, che in viticoltura esistono due vie: l'una, per la quale il sostituirsi alla natura, e dunque alla denominazione, costringe a fabbricare in cantina un sapore buono ma apolide, e per la quale soltanto il vitigno può ancora spesso essere riconosciuto; l'altra, secondo la quale una piena sintonia della vite con la vita del luogo che la circonda consente alla pianta di operare nel migliore dei modi. Questo vuole semplicemente dire che la vite può cogliere le originalità generate da un paesaggio, da particolari animali, da atti agricoli diversi dei quali la biodinamica, come vedremo, sa fare un tutto. Un viticoltore in quanto tale può dunque scegliere se diventare un "winemaker" o un "nature assistant".

L'importanza delle variazioni climatiche

Per affinare la comprensione del comportamento da adottare in cantina, bisogna dunque tornare indietro e osservare nel dettaglio ciascuno dei nostri atti agricoli. Abbiamo visto come della non-materia, dell'intangibile, venga convertito dalla fotosintesi in materia nobile nell'uva. Approfondiamo questo aspetto, essenziale per comprendere come si possa limitare il lavoro nella cantina di elaborazione.

Il clima è fatto di tre componenti che moltiplicano le loro varie combinazioni ogni anno. Innanzitutto, la pioggia precoce o tardiva, abbondante o rara; poi il calore, anch'esso soggetto alle stesse differenze qualificative; e infine i venti, nei quali l'aria in movimento è di per sé legata alla luminosità nella quale gli elementi del paesaggio svolgono un ruolo importante, in particolare i laghi o i fiumi che riflettono la luce. Tutte queste cose interferiscono in modo permanente. Il calore, per esempio, può rapidamente convertire l'umidità in foschia passeggera o lasciarla fermentare nei suoli più a lungo. I venti partecipano a questo compito ogni volta in modo diverso. I Greci avevano concepito sette dei del vento, fra i quali Zefiro era il più gentile. Ancora una volta, il passato attira la nostra attenzione su attitudini a percepire delle qualità, delle forze, che d'altronde venivano all'epoca trasformate volentieri in divinità. Non si parla forse, nella regione del Rodano, un po' alla stessa maniera, del Dottor Mistral?

È tutta questa complessità che interviene nella vita dei suoli, nella micorriza e nella fotosintesi. Di conseguenza, tutto quello che la vite crea ogni anno nella crescita dei tralci, delle foglie, delle uve, è connotato da queste innumerevoli sottigliezze, mai identiche da un millesimo all'altro. Ed è tutto questo che si contrae, come in una sintesi, nei vinaccioli, attraverso la polpa nella quale sono immersi. Perché tutte le piante operano innanzitutto per la sopravvivenza della loro specie, per la loro discendenza.

È straordinaria, questa genesi del seme. Goethe ce lo ha insegnato in modo poetico.

La pianta, dopo essersi gettata nel mondo fisico ricostruendo ogni anno totalmente o in parte il suo corpo, ha la facoltà di contrarsi all'estremo e di scomparire nel suo seme, che a quel punto porterà in sé tutta la sua essenza, tutto il suo sapere, tutta la sua esperienza, fino alla seguente primavera. Questa contrazione non può avere inizio bene che quando la fioritura è terminata. Per la vite, così legata ai ritmi imposti dalle quattro stagioni, l'ideale è che questa genesi del seme non si compia che dopo il solstizio d'estate, quando i giorni cominciano ad accorciarsi, quando le forze diventano centripete.

L'espressione della vite

Una fioritura troppo precoce mette la vite in contraddizione con i ritmi del tempo ai quali è così legata. Fino al solstizio d'estate, mentre i giorni si allungano, le forze sono centrifughe e attirano ogni cosa verso l'esterno. Queste forze aiutano la vite a costruire il suo corpo fisico. È soltanto quando i giorni si accorciano e le forze diventano centripete, che la vite può dare giustamente inizio al suo contrarsi e alla genesi del suo frutto, del suo seme. Una fioritura troppo precoce è di ostacolo alla vite, nel senso che la pianta deve iniziare a contrarsi per produrre l'uva e i vinaccioli, mentre la stagione primaverile continua ad "attirarla" fuori da se stessa. Questa "aritmia" genera spesso un vino promettente in prima bocca e molto corto in seconda bocca. Certo, l'uva con i vinaccioli si forma, ma i ritmi delle stagioni non vi si ritrovano ben fusi. Sarebbe interessante organizzare una degustazione su questo tema, ovviamente a condizione che un'agricoltura sana abbia consentito di prescindere da qualsivoglia tecnologia. La polpa è dunque il "bagno" nel quale il seme si costruisce, ogni volta con sfumature diverse. Steiner ci ha detto che una parte delle forze destinate al vinacciolo rimane nella polpa, il che spiega, d'altronde, certe fermentazioni spesso assai violente e la scarsa capacità dei vinaccioli di generare un piede di vite.

Tutto ciò per spiegare che la vite si fa carico ogni anno dei capricci o dei caos del tempo, un po' come un pittore che si appropria di colori differenti messi a sua disposizione per fare comparire sulla tela dei paesaggi dalle sfumature ogni volta diverse.

L'opera della vite sta nel fare di tutti i componenti del clima dell'annata e di tutte le variazioni della vita di un suolo, una immagine globale, una unione. In qualità di artista della Terra, essa tenterà ogni volta di pervenire a una coerenza, a un'armonia, anche se taluni degli elementi che le vengono imposti non le si confanno. Ma, per giungere a tale risultato, è necessario che la sua forza archetipica non sia stata frenata o modificata con pratiche irresponsabili, tali da disturbarla. È questo, in ultima analisi, un millesimo riuscito. Ed è per questo che, se le rese restano basse, ogni millesimo sarà sempre grande. Si può così comprendere, per esempio, come livelli di acidità o di alcol, che un'analisi mostra come eccessivi o insufficienti, possano non essere percepiti affatto alla degustazione. È questo, anche, che permette di attendere, per esempio per il chenin, una maturità molto pronunciata – con presenza di botrite – che, per la concentrazione che impone, rafforza la mineralità. Tutte queste particolarità saranno "incluse" in una "globalità" da quell'essere che è la vite. Così come certi colori alquanto vivaci possono essere resi armoniosi sulla tela dalla totalità del dipinto (gli impressionisti ce lo mostrano sovente), si può affermare che quasi tutti i millesimi hanno le loro "particolarità" da offrire ai degustatori. Ma tutto questo non è possibile, certamente, che a una sola condizione: il rispetto del vivente, e dunque delle leggi che generano la vita sulla Terra.

È la mancanza di questa comprensione, che pure è indispensabile, che troppo spesso rende le "degustazioni di approvazione tanto assurde. Tutti sanno che per avere il diritto di citare in etichetta la denominazione del vino prodotto ogni anno, è obbligatorio sottoporre il vino stesso a una degustazione. Il comitato che decide se accettare o meno il vino è costituito da viticoltori. Ahimè, spesso il criterio oggi applicato per ottenere questo diritto alla Aoc non è più quello della sua piena espressione, ossia della sua originalità, ma piuttosto quello di un vino molto lineare, assai netto, privo di difetti e alquanto apolide. In alcune denominazioni i viticoltori più impantanati nella atipicità e nell'uso della tecnologia impongono al loro *entourage* la propria mancanza di comprensione, che genera quel fenomeno che potremmo con umorismo definire «Aoc l'Oréal». I viticoltori che tentano di tornare a quello che è stato l'autentico sapore della Aoc sono spesso eliminati... Ed è per questo che, a volte, troverete presso gli enotecari più attenti grandi vini che devono essere venduti come «vino da tavola». Bisogna rallegrarsi del coraggio di quelli che persistono. Ciò detto, è bene aggiungere che ci sono dei rifiuti di approvazione giustificati, e dei comitati di degustazione in cui regna un reciproco rispetto delle filosofie elette da ciascuno[1].

Bisogna dunque saper aiutare la vite a esprimersi al meglio, e per fare questo bisogna prima capire la portata delle sue capacità, così da pervenire alla possibilità di limitare il lavoro in cantina. Il primo passo in tal senso sta nel praticare un'agricoltura biologica. La biodinamica, come vedremo, permette di andare più lontano.

1. L'Autore si riferisce qui alla realtà francese. Anche in Italia, comunque, per avere diritto alla Doc e alla Docg il vino deve essere sottoposto a degustazione da parte di una commissione istituita presso le Camere di Commercio (*ndr*).

4. Il lavoro in cantina

L'indicazione essenziale che tento qui di darvi, cari estimatori, è che se non è stato disturbato il lavoro di composizione che la vite sa fare durante la primavera e l'estate; se foglie, fiori e radici hanno potuto – grazie al sistema energetico che dà vita alla Terra – fare fronte a situazioni sempre più inconsuete; se, ovviamente, le rese si sono mantenute ragionevoli; se, se, se... ogni millesimo sarà un interlocutore degno di questo nome in assenza di qualsiasi tecnologia.

Ma immaginate una situazione, peraltro abituale, in cui si abbia un suolo che non può nutrire le radici, foglie che ricevono concimi fogliari – sali chimici che forzano la vite a bere quando la sua crescita non deve più avvenire, molecole-veleno penetrate nella linfa che occorre con urgenza tentare di eliminare –, il 20% delle foglie strappate via artificialmente sei settimane prima della vendemmia per "favorire la maturazione", frutti che prima della maturazione tendono a marcire per deficienza di forze vitali e che sono sottoposti tre o quattro volte a un trattamento antimuffa. A questo punto, dobbiamo tutti convenirne, "l'opera" non potrà essere compiuta con bella coerenza, e il comportamento del succo in cantina non sarà più regolato dalle sue forze nobili e strutturanti che la natura distribuisce gratuitamente se la si rispetta. A quel punto la cantina dovrà diventare officina, e il viticoltore farsi *winemaker*.

Nell'ottica appena esposta, si rende necessario intervenire in ogni fase. Innanzitutto, occorre addizionare lieviti, visto che si sono uccisi quelli perfettamente adattati al profilo dell'annata... bisognerebbe persino dire: i soli lieviti capaci di esprimere alla perfezione tutte le sottigliezze di *première année*. Rendiamo omaggio qui alla lotta che da diversi anni porta avanti Luca Gargano, il quale, tramite la sua società Velier di Genova, ha depositato il marchio Triple "A", che designa vini veri, laboriosamente individuati in tutta Europa. Ciascuno di questi vini – che provengono, è ovvio, da un'agricoltura sana – illustra con la propria originalità l'importanza dei lieviti indigeni.

Per la loro incapacità di capire, certi viticoltori saranno costretti ad acquistare lieviti spesso fabbricati con procedimenti molto vicini alla genetica. In alcuni casi, solo un'astuzia commerciale permette addirittura di omettere l'identificazione di questi lieviti, che non è obbligatoria quando il gene utilizzato fa parte della "famiglia" degli altri geni già presenti. Potete immaginare senza difficoltà le pressioni commerciali esercitate per ottenere un simile diritto di "filiazione". L'incapacità di capire, che ancora oggi prevale in viticoltura, è tale da fare considerare spesso come prova di competenza il fatto di dichiarare che si sono sistematicamente aggiunti lieviti nei propri vini, per evitare i lieviti naturali che, come si precisa con convinzione, «apportano cattivi sapori». Pochi viticoltori si sono resi conto che, quando si modifica un accordo musicale con pratiche assurde, l'accordo diventa dissonante. Nel caso di cui si parla, ci si lascerà quasi certamente tentare anche da quegli innumerevoli (più di 300) lieviti aromatici; sapendo oggi, per ciascuno di essi – grazie a ricerche economiche approfondite – in quale strato sociale, in quale fascia di prezzo e in quale Paese possa innescare la spinta all'acquisto da parte del consumatore. Un consulente saprà dirvi che «il lievito che genera un gusto di banana funzionava bene in Giappone per i vini da 5 euro, ma adesso sarà meglio che scegliate quello che dà gusto di ribes nero». Eppure sì, si tratta proprio di vini Doc e non di vini da tavola, il che renderebbe la cosa meno sconcertante. Ogni possibile campionario di sapori è così legalmente messo a disposizione dei viticoltori, e può essere persino gestito da un software. Concorderete sul fatto che gli articoli di stampa al riguardo sono complessivamente assai rari, fatte le debite eccezioni. Concorderete anche che è venuto il tempo di reagire, se si vuole che la grandezza delle nostre denominazioni perduri.

Dunque, se per incapacità di capire si è imboccata questa strada, che inevitabilmente porterà i più deboli al fallimento, si deve diventare interventisti all'estremo, e agire senza sosta con aggiunte di lieviti, enzimi, trattamenti osmotici, controlli delle temperature eccetera. Si deve continuamente arginare l'aggressione di tutti quegli agenti viventi (batteri...) che percepiscono in un vino "nato male" una preda di cui nutrirsi per svolgere il ruolo di destrutturatori che la natura ha loro saggiamente affidato. Quando gli equilibri dati dalla vita sono distrutti o resi fragili, l'opera è deperibile e l'aiuto di cosmetici o di tecnologie diventa indispensabile a livello commerciale. Al contrario, rafforzando il passaggio e l'assimilazione delle forze vitali nella vite – e in questo la biodinamica eccelle –, l'uva, che se ne è impregnata, può sopportare quasi tutte le eccentricità del viticoltore. Potete ora capire perché ci siano discorsi tanto diversi circa il lavoro da fare in cantina.

La fermentazione

Un altro possibile esempio è dato da quella che si potrebbe definire l'indispensabile "fase calore" di una fermentazione, che deve salire per alcuni giorni a 26°C o persino a 30°C. Questa fase può essere considerata come una potenziale degradazione, o come un fattore irrinunciabile per pervenire alla piena espressione di un vino. Una fermentazione è come una febbre, è la ricerca di un nuovo equilibrio per mezzo di un eccesso di calore. Fino a non molto tempo fa la febbre era accolta come un processo salvifico. Oggi la si scaccia con timore o disprezzo, allontanandosi, nel campo della medicina umana, dalle forze curatrici che spesso l'accompagnano. La fermentazione ha seguito lo stesso percorso, e oggi ci si oppone alla curva che deve descrivere ogni volta in modo diverso, seguendo le istruzioni fornite dalle uve dell'annata. Si limitano i rischi, senza capire che se l'agricoltura ha dato alle uve delle"buone istruzioni", la "fase calore" permetterà di rivelare delle qualità aggiuntive nel vino.

L'osmosi e la moda della micro-ossigenazione

Non si può certo omettere di parlare dell'osmosi, visto quanto vi si ricorre. Praticare l'osmosi vuole dire concentrare togliendo acqua per fare emergere sapori che la vite non ha potuto esprimere compiutamente. Nell'incapacità di capire, si arriva persino a dire che lo si fa soltanto per eliminare l'acqua dell'ultima pioggia, definita indesiderabile. Si dimentica di precisare che quando un suolo non è carico di sali chimici, o quando la terra drena le sue piogge grazie a un'autentica vita microbatterica, o quando le radici non sono state frenate nella loro discesa, a metri di profondità, da quelle terribili molecole di sintesi, la pioggia non disturba che in casi molto rari la vendemmia. E persino se sono caduti 100 millimetri di acqua in pochi giorni, si può certamente ottenere un vino interessante, obbligando la vite a eliminare l'acqua con uno dei trattamenti biodinamici a base di quarzo, chiamato "preparato 501". Una vite, un'uva, se l'agricoltura è sana, non si impregna d'acqua; beve in misura ragionevole. Non è assolutamente normale che un vino Aoc possa essere sottoposto a osmosi; e se lo è, cosa che oggi è legale[1], lo si dovrebbe poter leggere in etichetta: «concentrato di vino», come per un succo d'arancia del supermercato sul quale si può leggere: «concentrato di succo d'arancia». Quello che il cliente può prendere per un'annata

1. Anche in questo caso, l'Autore fa riferimento alla situazione francese. In Italia, l'osmosi inversa è prevista (anche per i vini a denominazione di origine Vqprd) solo sui mosti, al fine di ottenere l'arricchimento mediante sottrazione di acqua. La pratica non è però molto diffusa perché si preferisce di solito la concentrazione parziale a freddo, sottovuoto (*ndr*).

eccezionale, nella quale siccità e soleggiamento si sono coniugati al meglio, è a volte dato soltanto dall'osmosi inversa che, non dimentichiamolo, cambia la polarità del vino, con il "più" che diventa un "meno" – con quali conseguenze sull'invecchiamento? – e che apre anche la porta a rese troppo elevate. Lo scopo, qui, non è di passare in rassegna ogni dettaglio di questa viticoltura quasi industriale che riguarda spesso vini molto costosi e che si diffonde ogni giorno di più, grazie a un'abile mano messa su certe persone dell'Inao [Institut National de l'Origine et de la Qualité] più interessate alla carriera che al vino in sé; si tratta semplicemente di spiegare alle persone di buona volontà, e ce ne sono, che tutti questi artifici sono legati, prima di tutto, a equivoci agricoli esistenti a monte.

Prendiamo infine come esempio la moda della micro-ossigenazione. Questa nuova mania, diventata utile per qualcuno, si sostituisce soltanto al lavoro che avrebbero dovuto compiere le foglie per l'uva, se l'agricoltura fosse stata sana; nel qual caso, tale pratica risulterebbe inutile. In generale, tutti gli errori fatti a monte hanno conseguenze a valle, e dunque in cantina. Quindi, le centrifughe tenteranno di eliminare – destrutturando il vino – le molecole di sintesi che sono state introdotte a forza nella linfa. Gli enzimi nutrono lieviti indeboliti, o non adattati al profilo dell'annata. Non intendo qui condannare un produttore che sceglie questa via, ma piuttosto informarlo che quanto a vini tecnologici la Francia non ha davvero niente da esportare; troppi Paesi con manodopera a basso costo sono in grado di ottenere esattamente lo stesso sapore a un costo quattro o cinque volte inferiore. E aggiungerei che ormai, se tutto questo non viene capito immediatamente, il fallimento interverrà a breve. Nessuna regione esclusa. Non dimentichiamo che lo Stato francese ha dovuto, nel 2005, distillare 1,5 milioni di ettolitri di vino delle varie denominazioni rimasti invenduti. Inoltre, tutte queste pratiche, e molte altre, offuscano ogni giorno di più l'immagine della Francia e dei suoi vini all'estero, quando potenzialmente le nostre diversità climatiche e geologiche, assieme al perfetto adattamento dei nostri vitigni, che vivono sulle nostre terre in certi casi da migliaia di anni, ci permetterebbero di essere quasi affrancati dalla concorrenza mondiale. Non voglio dire che esistano solo i vini francesi, ma che in Francia abbiamo un potenziale viticolo che molti, a giusto titolo, ci invidiano.

Diventare consapevoli

Esiste fortunatamente un'altra viticoltura, ancora molto disomogenea, ma che capisce sempre meglio le trappole nelle quali si è voluto rinchiuderla. Questa viticoltura torna verso "vini veri" per i quali la parola *terroir*, cui oggi si ricorre troppo spesso a sproposito, viene a riacquistare a poco a poco il suo significato. Di fatto, permettendo troppi artifici, e attuandone troppi, si è aperto, per reazione, uno spazio per quelli che intendono impegnarsi su un versante opposto. Il cliente, meno sprovveduto, comincia anche a scoprire la verità che gli veniva nascosta. Vale veramente la pena estasiarsi sul naso o sul gusto di violetta di un vino, quando si sa che sono stati aggiunti sotto forma di lieviti aromatici? È questa la domanda che deve essere posta in modo chiaro.

Per accelerare il ritorno ai vini veri, basterebbe imporre per legge la pubblicazione in controetichetta delle pratiche che la tecnologia ha consentito. Per esempio: «vino concentrato per osmosi e aromatizzato con lievito X che apporta un naso di violetta». Di certo questo non si farà mai: troppi sono, nelle diverse filiere del vino, gli interessi in gioco. È stato tuttavia possibile costituire un gruppo di viticoltori che garantiscono legalmente l'autenticità del gusto. Questo gruppo esiste da quattro anni, si è dotato della "carta di qualità" più severa al mondo ed è costituito oggi da centoquaranta viticoltori di dieci Paesi, incontrando un grande successo in tutti i continenti. Potrete approfondire l'argomento sul sito della biodinamica (www.byodynamie.com).

Quando si parla di vini veri, bisogna certo darne una definizione molto precisa, con una carta di qualità molto rigorosa, che riporti puntualmente tutti gli atti vietati nei vigneti e in cantina. Si tratta, nel mondo, della carta più severa attualmente esistente. Offre ai consumatori non soltanto parole virtuose, come spesso accade oggi, ma un impegno legale del viticoltore nei confronti delle sue viti, del suo vino e del consumatore. Bisogna poi che il vino abbia raggiunto un certo livello di qualità e di originalità. Il fine di questo gruppo è dimostrare, "bicchiere in mano", che in luoghi diversi i vitigni si esprimono, ogni volta, in modo diverso, e che sono queste sottigliezze esenti da "cosmetiche" varie che conferiscono tanto fascino al vino. Un vino non deve essere soltanto biodinamico; deve essere buono e connotato dall'originalità del luogo da cui proviene, grazie al lavoro di un vitigno bene adattato. Lungo la strada dei vini veri ci sono, certo, livelli di impegno molto diversi, con date di conversione all'agricoltura biologica o biodinamica più o meno recenti, e con risultati eterogenei. A volte il discorso c'è, mentre i fatti ci sono molto meno. È abituale sentire dire da persone che vogliono avvicinarsi a questo nuovo mercato senza prendere le rigorose decisioni che questa scelta implica: «Io sono bio o biodinamico al 95%». Un minimo di riflessione svela l'aspetto risibile di una tale affermazione. Come si chiedeva con humour James Milton, eminente viticoltore in biodinamica della Nuova Zelanda: una donna può essere incinta al 95%? Capita anche di sentire dire: «Uso poca chimica, giusto il necessario per salvare le viti dalla malattia». E questo, senza capire che è proprio quella chimica che, con il tempo, ne accentuerà la presenza. Sentiamo anche parlare, in Francia, di agricoltura "ragionata" (*raisonnée*)[2] come di un reale progresso, quando poi la chimica vi è sempre ampiamente utilizzata. Questo approccio rappresenta certo

2. L'*agriculture raisonnée* è un approccio agricolo utilizzato in Francia dai primi anni Duemila che si propone di diminuire gli effetti negativi delle pratiche agricole sull'ambiente limitando l'uso dei prodotti chimici, ottimizzando allo stesso tempo le rese economiche. Simile, in Italia, è la cosiddetta "lotta guidata» (*ndr*).

uno sforzo lodevole – e anche un costo – per il viticoltore. Ma non permette in alcun modo alla vite di operare bene. È un po' come se cercaste di accordare uno strumento musicale senza riuscirci; riconoscetelo: la musica non potrà essere bella. Un viticoltore disposto a mettersi alla prova deve semplicemente farsi la mano su un ettaro o su un mezzo ettaro in coltura biologica o biodinamica (con effetti più rapidi) e osservare, dopo due o tre anni, i risultati qualitativi ottenuti.

In tutti questi casi, la consapevolezza dei guasti causati dalle molecole di sintesi utilizzate nell'agricoltura convenzionale ha modo di compiersi, il che rappresenta di per sé un progresso. Troppo spesso a mancare è solo il sapere necessario a evitare le malattie legate essenzialmente a carenze di salute. E, attualmente, nessuna scuola agricola è pienamente in grado di provvedere a tale insegnamento. Il biologico che si insegna oggi consiste soprattutto nel sostituire una molecola di sintesi con una molecola naturale. Si resta nell'ambito di una comprensione meccanica della vita, non già in quello della scoperta di un grande sistema in cui tutto comunica in modo sinergico.

Come riparare rapidamente gli immensi danni agricoli degli ultimi decenni, i cui temibili effetti sulla salute umana sono sempre più evidenti agli occhi degli studiosi? Oggi non si può neppure più sostenere che questo tipo di agricoltura scongiura le carestie; al contrario, ne crea, visto che molti Paesi poveri non possono più pagare i conti crescenti dei prodotti chimici necessari alla sua applicazione. È certo possibile nutrire il mondo in modo sano e spendendo meno. Questa affermazione non è assolutamente influenzata da un qualche orientamento politico, dato che le leggi della vita non appartengono ad alcun partito. In viticoltura, com'è allora possibile ridare vita a suoli quasi del tutto morti, così da poter ritornare a una minore incidenza delle malattie e a trattamenti benigni a base di piante o di prodotti naturali e sani? Dico sani, perché ci possono anche essere veleni naturali, quindi biologici, che è meglio non utilizzare. Come ridare il gusto del luogo al vino, al tè, al caffè, al cioccolato, agli ortaggi? Tutte queste domande ci conducono alla biodinamica.

5. Un ritorno alle fonti indispensabili: la scienza delle forme

Prima di cercare di capire più nel dettaglio questo nuovo approccio, fermiamoci ancora un momento in cantina per parlare delle forme. Sì, dico proprio delle forme e di tutto ciò che implicano. La barrique è conosciuta per il sapore di legno, ma purtroppo non per la sua qualità principale: la forma. La barrique ha una forma a volta, ma su 360 gradi; una forma che proviene da un lontano passato, da un tempo in cui l'uomo comprendeva meglio i sostrati della vita, e dunque i differenti effetti energetici che ogni forma e ogni luogo generano a seconda delle loro proporzioni, della materia di cui sono fatti eccetera. E, infatti, l'usanza di costruire una casa non importa dove e con forme assolutamente arbitrarie è assai recente nella storia dell'umanità. Una casa è anche il luogo in cui si dorme. E quando si dorme non si è più protetti dalla propria individualità, dal proprio "io" che ha provvisoriamente abbandonato il corpo per consentirgli il riposo. Durante il sonno si è dunque pienamente esposti ai campi di forza che il luogo e la casa generano, nel bene come nel male. Si deve dunque capire che a volte, quando non si riesce a dormire in una casa, si tratta sostanzialmente di una protezione che la nostra individualità ci offre per evitare di essere esposti a forze che ci risulterebbero molto nocive. E un po' la stessa cosa avviene con il vino, che nella sua genesi ha lo stesso bisogno di ricevere tutta una gamma di forze viventi. Un tempo nessuno avrebbe pensato di trascurare questi saperi. Di che si tratta? È bene, per quanto concerne l'agricoltura, per una migliore comprensione della biodinamica, per una buona genesi del vino e più in generale per il nostro benessere, addentrarci più nel dettaglio di questa conoscenza, che oggi può vantare sufficienti basi scientifiche per essere pienamente riconosciuta.

La gravità

Già molto tempo fa, i Romani facevano pascolare delle pecore per un anno nel luogo in cui desideravano costruire una casa. Poi uccidevano gli animali e osservavano il loro fegato, prima di decidere se costruire o meno. Cerchiamo di capire, nel concreto, il significato di questa pratica.

Tutto sulla terra è diviso, come abbiamo visto, tra le leggi della Terra, la sua gravità che ci spegne, e le forze solari che ci rendono leggeri. In termini più scientifici si può affermare che: ci sono ovunque sulla Terra dei punti spesso definiti "di assorbimento" e dei punti "di emissione", come ci mostrano le mappe gravimetriche. La gravità, ovvero l'accelerazione dei gravi, varia per ogni luogo della Terra. Aumenta procedendo dall'equatore verso i poli, che sono più appiattiti. Diminuisce, ovviamente, con il crescere dell'altitudine. Nelle faglie è molto forte. Varia di giorno in giorno, a seconda della posizione della Luna e del Sole e della loro distanza rispetto alla Terra. È bene sapere, per esempio, che a causa di tutte queste particolarità, qui appena abbozzate, il mare non è piano e in uno stesso oceano l'acqua fa delle gobbe e degli avvallamenti, con dislivelli superiori ai 100 metri. Queste variazioni dipendono dalle forze alle quali il mare è soggetto, in modo diverso da luogo a luogo. A tali influenze, di diverso segno, presenti sull'intero pianeta, partecipano ovviamente la natura del sottosuolo, le sue pieghe, i suoi orientamenti, le sue compressioni, la sua geologia... Per la comprensione delle leggi del vivente, da cui dipendono la salute dei vegetali e anche la nostra, occorre tenere conto di tutto. È questo sapere che si acquisisce con il tempo, quando si pratica la biodinamica. Ma la gravità non è la sola forza attiva sulla terra, ce ne sono altre. La Terra è infatti coperta di corridoi energetici nei quali diverse forze naturali, vale a dire elettrotelluriche, magnetiche e persino radioattive – come a Praga – interferiscono tra loro e agiscono un po' come i vasi sanguigni nel corpo umano.

Se si ha interesse per l'arte culinaria, per i sapori così diversi e raffinati che si trovano negli alimenti e nel vino, si ha quasi un dovere morale: quello di scoprire i segreti del sistema che contribuisce a elaborare, con tante diversità, aromi, sapori, colori, odori, forme altrettanto molteplici. Questa comprensione ci permetterà di accostarci alla viticoltura in modo diverso. Si tratta, certo, di un percorso più laborioso di quello che utilizza gli artifici della tecnologia moderna per profumare un prodotto alimentare che non ha potuto ricevere tutte le qualità di cui è, tuttavia, potenzialmente dotato. Da che cosa è costituito questo sistema? Come funziona?

L'elettrotellurismo

Il termine "elettrotellurismo", che spesso non è ben compreso, significa che vi è, ovunque, una differenza di potenziale risultante dalla polarizzazione, dunque dall'incarnazione della vita nella materia. Non c'è materia senza comparsa di elettrotellurismo. Queste correnti elettriche sono molto deboli ma presenti ovunque, e indispensabili alla vita sulla Terra. Senza elettricità una cellula non esiste. Se tendete un filo metallico tra la cima di un albero e la sua base rischiate di farlo morire rapidamente, perché distruggete la differenza di potenziale. Il sistema dell'elettrotellurismo è ovunque attivo nella vita sulla Terra e varia costantemente, in funzione dei legami della Terra con il sistema solare, e persino dell'attività solare che su tale sistema esercita un influsso costante. Sotto il profilo energetico, nell'ambito di uno stesso sistema tutto è scambio. Sotto terra, queste correnti sono ovunque (come pure nell'atmosfera).

Durante la guerra si è persino pensato di utilizzarle per comunicare. Purtroppo, quelle che sono oggi chiamate "correnti vaganti", che derivano dalle dispersioni delle linee ad alta tensione, dalle centrali, dal Tgv... e anche dal nostro sistema di vita quotidiano, inquinano o turbano considerevolmente l'organizzazione naturale della rete di elettrotellurismo, *essenziale per la vita sulla Terra.* E nessuno è consapevole della gravità di questo inquinamento per la salute dell'uomo. Sì, tutto è organizzato sulla Terra, nella natura; e per capirlo nel suo senso profondo occorre riscoprire il sistema che presiede a questa organizzazione, e che tutti i fisici conoscono.

Il magnetismo

Anche il magnetismo è una forza essenziale, indispensabile alla vita sulla Terra. È il magnetismo che orienta gli aghi delle bussole; entra al nord ed esce al sud della Terra. Il magnetismo può, in certe condizioni, modificare i materiali, polarizzarli magneticamente; possiamo allora parlare di "memoria magnetica" di un luogo. Il magnetismo fa anche parte dei campi di forze importanti per l'equilibrio della vita sulla Terra e varia da luogo a luogo, così come avviene per l'elettrotellurismo – al quale è legato –, secondo la natura del sottosuolo, dei metalli che quest'ultimo può contenere, delle sue forme eccetera. Come per la gravità, sono in commercio mappe che indicano in modo dettagliato il magnetismo presente su tutta la Terra (esistono anche mappe che riportano le correnti sismiche, altrettanto importanti). Per quanto riguarda il magnetismo, esistono delle zone di emissione, di assorbimento e persino di inversione, con il nord/sud in quel caso opposto a quello della Terra. Il magnetismo della Terra è strettamente legato a quello del Sole, che subisce regolarmente delle inversioni magnetiche secondo cicli di undici anni, non sempre ben compresi. Un altro ciclo, di 26 000 anni, è quello che gli indù chiamavano *ham* e *sa* di Brahma, cioè espirazione (forze centrifughe) e inspirazione (forze centripete). Questo ciclo corrisponde in tutto e per tutto a quello che è conosciuto con il nome di anno platonico (25 920 anni, vale a dire dodici volte 2160 anni), del quale Steiner ha spiegato il significato. È il tempo di cui il Sole ha bisogno per sorgere il primo giorno di primavera davanti a tutte le costellazioni dello Zodiaco e compiere così 360 gradi di rotazione. Le eruzioni solari creano tempeste magnetiche sulla Terra che gli aviatori conoscono bene, per esempio nell'area del triangolo delle Bermuda; il riferimento nord/sud a quel punto non esiste più. I cardiopatici sanno quanto il cuore sia legato alle tempeste magnetiche. Se si incrementa il campo magnetico di un uomo mentre il suo campo elettrico rimane costante, il cuore si contrae. Ma nel caso inverso il cuore si dilata. Yves Rocard ha scritto un libro nel quale studia gli effetti del magnetismo sull'uomo. Tutti questi particolari hanno lo scopo di dimostrarci quanto ogni cosa sia connessa nel sistema solare al quale apparteniamo, quanto macrocosmo e microcosmo interferiscano costantemente.

Sembra che anche il centro della nostra galassia svolga un ruolo importante in ordine al magnetismo terrestre. L'intero sistema elettromagnetico è un po' il sistema nervoso della Terra. *Nessuna reazione chimica è possibile senza elettromagnetismo.* Del resto, tutte le reazioni chimiche sono accompagnate da spostamenti delle cariche elettriche. Sono i campi elettromagnetici che "legano" e "slegano" i componenti dei corpi vivi. Il Dna con la sua doppia spirale, destrorsa e sinistrorsa (senso delle lancette di un orologio e senso opposto), costituisce una sorta di antenna per questi campi elettromagnetici. Lakhovsky[1], all'inizio del secolo XX, già lo affermava, prima che i

1. Georges Lakhovsky (1870, Illia, Russia-1942 Parigi). Ricercatore, autore di numerose opere in cui individuò la correlazione dell'irraggiamento cosmo-tellurico con l'insorgenza di patologie degenerative quali il cancro e la leucemia. Ideò i circuiti oscillanti aperti, che resero possibile ristabilire le armoniche vibrazionali che consentivano alle cellule, in via di degenerazione, di riequilibrarsi e guarire.

fisici lo confermassero. E, cosa interessante, ogni essere umano ha particolarità che gli sono peculiari all'interno del proprio campo magnetico, che costituiscono una vera trama energetica individuale che alcuni chiamano "aura". Quello che viene definito come "effetto Kyrlian", sul quale sono stati scritti molti libri, permette di ottenerne le immagini. È fondamentale capire che mediante questi campi elettromagnetici gli organismi viventi ricevono ed esprimono le loro forze vitali; sono un poco, in fin dei conti, i vettori della vita sulla Terra. Tornando ancora a Lakhovsky, pioniere di queste conoscenze ormai riconosciute dai fisici, si può dire che tutti gli organismi viventi sulla Terra agiscono come elementi di risonanza per le forze del sistema solare, e persino dell'universo, che ci bombardano senza tregua. Non solo ciascuno di questi organismi viventi è un recettore, ma è anche un *emettitore*. È per questo, d'altronde, che la scomparsa di una specie vegetale o animale rappresenta per la Terra un vero e proprio impoverimento qualitativo, assimilabile al deterioramento di un televisore che non riesca più a captare tutti i canali. Si tratta di un impoverimento del sistema di comunicazione che, si potrebbe dire, regge la Terra. La Terra stessa è un emettitore/recettore, così come lo sono i nostri pianeti.

Tutto questo è stato scientificamente dimostrato; la sola cosa che manca è la sintesi di tutte queste scoperte.

Si può a questo punto capire senza difficoltà come sia possibile trovare in determinati luoghi delle "particolarità energetiche" molto forti e inconsuete. Di primo acchito, l'aspetto curioso è che, in effetti, proprio in questi luoghi si trovano spesso capolavori architettonici eccezionali (templi, cattedrali, piramidi); o, per epoche ancora più remote, dei megaliti, altrettanto potenti sul piano energetico. È tutto questo a essere oggi spesso designato con il termine di "geobiologia", riferito alla biologia, dunque alla vita di un luogo geografico. Qualche volta la definizione usata è quella di "geografia sacra", poiché alcuni dei punti specifici sui quali sono state create delle opere d'arte spesso uniche agiscono sulla Terra un po' come punti di agopuntura. Costruirvi luoghi di meditazione e di preghiera, come a Chartres, o a Mont St-Michel, luoghi di studi universitari o artistici o, ancora, teatri, come si faceva nell'antichità... consentiva all'uomo, attraverso la ricerca, il livello di consapevolezza della sua attenzione, i canti e i riti religiosi – spesso differenti e specifici per ogni sito – di interferire o di interagire in una certa misura con il complesso sistema di cui è parte la vita sulla Terra. Quando questo avviene, l'uomo sostiene la Terra così come la Terra sostiene l'uomo. Sì, un tempo l'architettura implicava anche tutto questo.

E per capire a fondo la viticoltura, il lavoro che la vite compie e il senso autentico delle denominazioni, bisogna riscoprire tutta questa organizzazione energetica. Una denominazione, con i suoi sapori e le sue peculiarità, non è in fin dei conti che il risultato visibile dell'"intrecciarsi" sotto il profilo energetico di tutti questi fattori, prima di generare infine, sul piano materiale, delle particolarità gustative. Per raggiungere uno stato fisico compiuto ci sono milioni, miliardi addirittura, di mutazioni permanenti di atomi, di cellule, che per affinità, o al contrario per antipatia, si organizzano in un senso o in un altro per risultare, infine, in una pianta, un animale, un uomo. Osservando in embriologia tutte le mutazioni che si producono dallo stadio di feto a quello di corpo vivente compiuto, non si può rimanere insensibili all'agire di questo sistema invisibile ma così attivo. In questa genesi risiedono straordinari segreti terapeutici, poiché ogni organo conserva una sorta di memoria degli "incontri" che ha fatto nel corso del suo sviluppo. È un poco come il ricordo che manteniamo dei vicini o degli amici d'infanzia. Alcune medicine – tra cui la medicina antroposofica – sanno servirsi di questi legami. È nelle leggi che governano tutte queste genesi che stanno le risposte fondamentali. Non studiare tutta questa complessità della vita per limitarsi allo studio del solo piano fisico, sino all'infinitamente piccolo, è altrettanto assurdo quanto limitare l'analisi di un'opera d'arte a quanto se ne potrebbe vedere attraverso un microscopio.

Illustrazione VI — Estratti dal *Book of Kells*, Dublino
(da: *Il creativo disegno di forme*, R. Kutzli)

Tutta l'arte celtica ci mostra in quale misura l'interferenza di tutte queste energie, di polarità spesso opposte, fosse percepita, vissuta nel passato. È quanto si può vedere nei disegni di quel libro straordinario che è il *Book of Kells*, a Dublino, che non può essere considerato semplicemente un'opera d'arte[2]. Vi si possono vedere illustrate, in realtà, le forze che portano la vita nel mondo fisico, riprodotte sotto i nostri occhi e tutte intrecciate le une con le altre. È, a tutti gli effetti, una dinamica della vita, una trama energetica. Il libro di Rudolf Kutzli, *Il creativo disegno di forme*[3], permette di spingersi molto più in là e di vivere le mutazioni di una forma in un'altra. Tutto questo permette anche di capire meglio le interferenze permanenti

2. Il *Book of Kells* è un codice miniato realizzato da monaci irlandesi intorno all'800, contenente i quattro Vangeli. Magnificamente decorato, è considerato il capolavoro dell'arte celtica e una delle più importanti opere d'arte medievali.
3. Rudolf Kutzli, *Il creativo disegno di forme*, Natura e Cultura, Alassio 2006.

delle forze centripete e centrifughe che vanno verso la materia o che se ne allontanano, e da cui tutte le forme che ci circondano derivano.

Era dunque nel punto di incrocio di alcune di queste correnti di energia, per le quali gli antichi avevano grande sensibilità, che si costruivano le cattedrali, le fortezze, i monasteri e talvolta le cantine, per giovarsi di tutta una serie di effetti energetici particolari "nobilitandoli".

Nobilitare le forze terrestri: il sapere dei costruttori

Ma come avveniva tale nobilitazione? La questione riguarda, in ultima analisi, tutte le scienze. Come aiutare un mondo energetico macrocosmico a essere più presente nel mondo materiale che "ordina" – nel senso di mettere in ordine – o che forma? Come accentuare la presenza di energie vitali in un luogo? Quest'ultima è una questione cruciale che il mondo dell'architettura ha oggi dimenticato, sprofondando troppo spesso nei meandri della sola intellettualità. C'è in questi approcci del passato un formidabile sapere intuitivo che occorre chiarire sul piano scientifico, cosa che si sta facendo; alcune persone si adoperano con pazienza a riconquistare questo sapere e a misurarlo.

Unirsi alle forze archetipiche

È indispensabile comprendere tutto ciò più in concreto, quanto meno sul piano dei principi, per consentirci di cogliere le forze nobili che, in modo diverso, vengono intensificate nella biodinamica. Nella sua essenza, la vita non è fatta che di forze: forse ora lo si può capire meglio.

Come ci si rivolgeva un tempo a queste riserve di forze così diverse, e a volte così pacificatrici? Come si rafforzava la loro

Il trifoglio, numero 3

La foglia del ranuncolo, forze pentagonali, numero 5

L'ortensia, le facce del cubo, numero 4

L'iris, le forze dell'esagono, numero 6

discesa o la loro presenza in un luogo preciso? È una questione molto vicina, in fin dei conti, a quella che si pone il viticoltore in biodinamica per cercare di aiutare la sua vite a esprimere al massimo le specificità della denominazione, dunque del suo suolo e del suo clima. *È questa consapevolezza che consentirà all'agricoltore di ritrovare la nobiltà del suo lavoro.*

In architettura tutto ha inizio a partire dal cerchio o da cerchi concentrici, l'uno che genera l'altro (lo si capisce facilmente quando si getta un sasso nell'acqua), riconducibili a un medesimo centro, dunque a un punto.

Questo ci porta a un problema troppo spesso trascurato o affrontato con quell'eccesso di freddo intellettualismo, così deleterio per i nostri bambini: che cos'è il punto? Euclide dava del punto la seguente, straordinaria definizione: «Il punto è ciò che non ha parti». Ebbene, bisogna capire la grandezza di tale risposta e ciò che essa implica. Il punto non ha ancora superficie, si potrebbe dire che non ha ancora conquistato spazio; è appena il simbolo, o l'abbozzo, di una nascita nel mondo della materia, ovvero del mondo fisico che lo circonda. Il punto è dunque il passaggio obbligato del mondo energetico latente, ovunque, dietro ogni particella di materia del mondo fisico. È il percorso obbligato per il passaggio dal piano della forza o dell'energia a quello della materia, nel quale predominano altre leggi. È il luogo in cui i due cerchi del numero 8, o della lemniscata, si toccano *invertendosi*.

Tutto questo ci consente di capire meglio quello che i fisici definiscono vuoto, che non è vuoto ma pieno di altro. È il significato nascosto dell'otto coricato che designa altresì, e a giusto titolo, l'infinito. È semplicemente il mondo attivo, energetico, molto organizzato, che lega alla Terra le sue forze di vita o i suoi dinamismi. Il punto è esattamente *il momento* in cui queste forze raggiungono il piano fisico. Bisogna che questa cosa sia capita in modo chiaro, perché solitamente si insegna che l'origine del vivente non appartiene alla Terra; è nell'universo, nei nostri sistemi solari e stellari senza i quali tutto diverrebbe cadavere. Ed è proprio questo sapere energetico che la nostra epoca – per dogma, incapacità di capire, o per finalità lucrative – bolla come estraneo all'ambito della scienza, per affidarsi invece a un redditizio sistema basato sulla continua necessità di assistenza. Non si può curare la causa di un

Illustrazione VII — L'8 e le sue spiegazioni

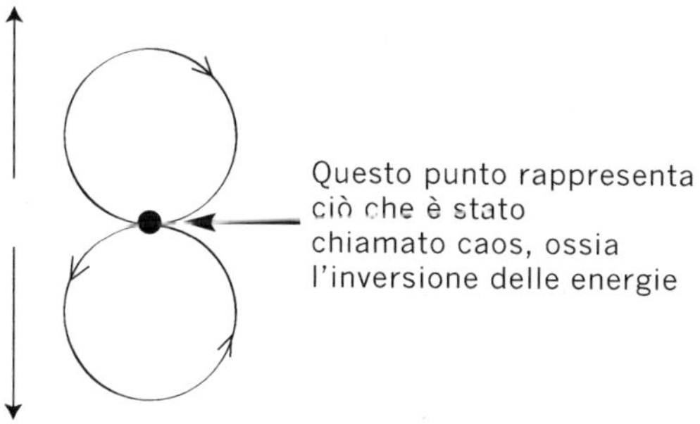

disordine senza prima studiare il sistema che crea un ordine. Una malattia, che sia vegetale, animale o umana, ha come unica origine una carenza di organizzazione. Solo lo studio di un sistema che crea coerenza può darci accesso alla causa di un disordine. Eppure in Francia, soprattutto in Francia, troppi grandi medici in anticipo sul loro tempo sono stati radiati dall'Ordine per avere osato andare oltre il mero piano materiale. La profondità del giuramento di Ippocrate, la doppia spirale del caduceo, ancora comunque usato come simbolo dell'Ordine dei medici, non è più capito. E gli stessi sintomi si riscontrano nell'ambito dell'agricoltura. Un grande ingegnere agronomo come Claude Bourguignon è stato bersagliato dagli strali dell'Inra [Institut National de Recherche Agricole], cui apparteneva, per avere osato dire la verità[4]. Identico trattamento è stato riservato a Jean-Pierre Berlan, ingegnere agricolo, anche lui dell'Inra, emarginato per avere osato denunciare i rischi sostanziali che si celano nella manipolazione genetica e che superano le frontiere energetiche o, se preferite, quegli stampi, o forze, che regolano la vita sulla Terra.

Quanti errori e costi astronomici avrebbero potuto essere evitati senza questa terribile espropriazione, così bene organizzata, sulla base di imperativi economici, riguardo alle leggi che ci danno la vita. Per fortuna, poco a poco si vede affiorare, qua e là, tra i fisici, gli astrofisici, i medici, i ricercatori del Cnrs [Centre National de la Recherche Scientifique] un nuovo sapere basato sul riconoscimento della trama energetica che dà vita alla Terra. Questo sapere, se lo si lascia sviluppare senza falsarlo, può liberare il mondo da problemi giganteschi: in medicina, in agricoltura, nell'insegnamento e persino nel contesto sociale, il quale non è che la risultante dei primi tre ambiti.

4. Vedi il suo libro *Le sol, la terre et les champs*, Éditions Sang de la Terre et la Manufacture, Paris 1989 [edizione italiana *Il suolo, un patrimonio da salvare*, Slow Food Editore, Bra 2004, *ndr*].

Torniamo ancora una volta a Euclide. Ora, dunque, dal "punto" così concepito si può fare nascere il tratto, che non è che una successione di punti. Verranno in seguito i tracciati e i piani generatori di spazio. E, del tratto, il prezioso Euclide ci dice ancora: «Una linea è una lunghezza senza larghezza», quasi nuovamente a evidenziare l'azione dell'altra polarità o del "non spazio", che forse adesso cominciate a comprendere un po' meglio. Sì, la linea non è che una successione di punti, un accesso molto discreto al mondo materiale, considerato che la linea non ha ancora una larghezza. Tutto questo ci dimostra quanto la percezione delle cose al tempo di Euclide fosse diversa dalla nostra. Quanto fosse profonda. In seguito, dal tracciato si potranno fare nascere il raggio, il cerchio e tutti i suoi derivati, in particolare le straordinarie forme platoniche poligonali composte da cinque corpi detti platonici e oggi così ignorati. Le forme platoniche sono rappresentate dal tetraedro (quattro facce), dall'esaedro o cubo (sei facce), dall'ottaedro (otto facce), dal dodecaedro (dodici facce) e dall'icosaedro (venti facce). Da questi solidi si possono dedurre il doppio quadrato (ottagono), il doppio pentagono (decagono) eccetera.

Perché queste forme sono importanti, e addirittura essenziali? *Ogni creazione vivente ha tre dimensioni che risultano dalla combinazione di queste cinque forme semplici*. E questo, dicono gli storici, si sapeva prima di Platone, in un'epoca in cui la percezione sostituiva le attrezzature scientifiche tanto costose. Si troverà sempre, nel mondo vivente che ci circonda, una *organizzazione geometrica generatrice di forma* nella quale si ritroveranno triangolo, quadrato, pentagono, esagono, i loro multipli o le loro combinazioni. Ed è su questi piani di intersezione che le forze della Terra cristallizzano o coagulano gli atomi in materia percepibile ai nostri sensi. È sempre qui che le forze centripete esercitano la loro azione. Seguendo il "ritmo" con il quale si legano le estremità di queste figure platoniche, si ottiene una forma semplice oppure delle forme stellate. Le forme platoniche sono attive in

Illustrazione VIII — I cinque solidi platonici visti sotto tre angolazioni diverse (da: *Platonische und archimedische körper, ihre Sternformen und polaren Gebilde*, Paul Adam-Arnold Wyss, Verlag Freies Geistesleben, Stuttgart 1994)

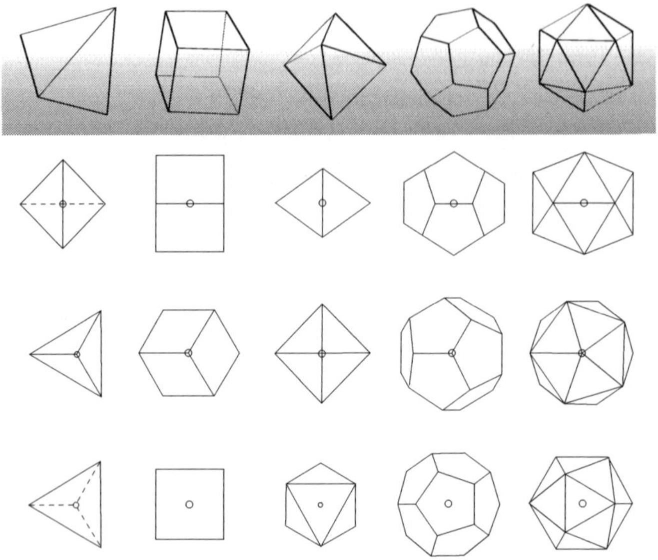

permanenza nel legarsi degli atomi tra loro, nella divisione delle cellule, dunque nella genesi della vita sulla Terra. Si possono vedere queste maglie pentagonali, esagonali, cubiche, ovunque nell'infinitamente piccolo.

I cinque solidi platonici sono tutti legati al cerchio, e infatti spinti all'infinito diventano cerchio o sfera. Raggiungono così, potenzialmente si potrebbe dire, l'unità che l'incarnazione distrugge, ma conservano un legame particolare con tale globalità. Grazie alla loro forma geometrica così originale, sono portatori, ciascuno a modo suo, di forze specifiche preziose, indispensabili all'equilibrio della vita sulla Terra. Le loro forze ci avvolgono in permanenza nei loro effetti, e tuttavia noi non li vediamo più.

Ciascuna di queste forme platoniche ha in sé le forze archetipiche di un pianeta: Saturno per il cubo, Giove per il tetraedro, Marte per il dodecaedro, Venere per l'icosaedro e Mercurio per l'ottaedro. Sono citati in bibliografia alcuni libri che spiegano tutte le loro complessità, tutte le loro potenze energetiche per l'organizzazione della vita sulla Terra; che spiegano altresì le loro mutazioni dall'una all'altra, di cui l'embriologia ci dà costantemente esempio. Si tratta delle *forze fondamentali della vita sulla Terra*, come – si potrebbe dire – "riassunte" o "riunite" geometricamente. Tutte queste forme sono "richiami", legami, antenne rispetto a forze che agiscono nella genesi della vita

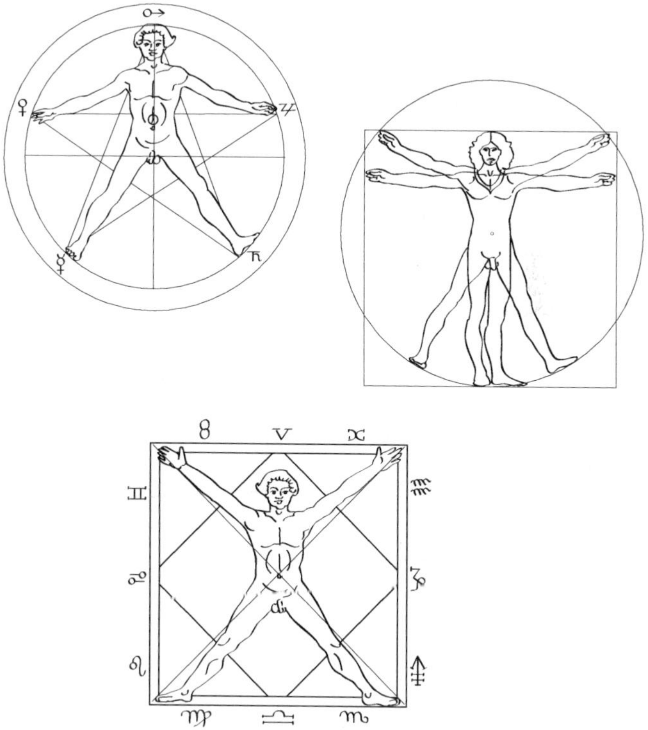

Illustrazione IX — L'uomo all'interno di un dodecaedro o di un pentagono circondato da un cerchio, dentro un doppio quadrato ecc. Questi tre schemi ci mostrano l'uomo incluso nelle forme platoniche.

sulla Terra. Così i grandi maestri, come Agrippa, Leonardo da Vinci e molti altri, ci mostrano il legame dell'uomo con queste forze agenti.

Gli autori antichi ci mostrano in questi disegni [si veda l'Illustrazione IX] il corpo fisico dell'uomo come risultante di tutte queste forze planetarie e stellari, con linee e angoli chiave, ognuno dei quali è coincidente con parti del nostro corpo. Ogni angolo, piano o proporzione indica ogni volta un legame con forze differenti. È la somma di tutte queste diversità a costituire la straordinaria *architettura* del corpo umano.

Un poco di attenzione ci permette di trovare ovunque intorno a noi gli effetti delle forze di pentagoni, esagoni, quadrati, triangoli, nelle forme delle foglie o dei fiori, di minerali, all'interno dei frutti... Tutto questo sistema ci circonda e *noi non lo riconosciamo più*. Invece, è necessario che tutto questo sia capito nel concreto, poiché agisce in permanenza intorno e dentro di

Illustrazione X — Schema delle forme platoniche con le loro polarità e le loro dominanti planetarie

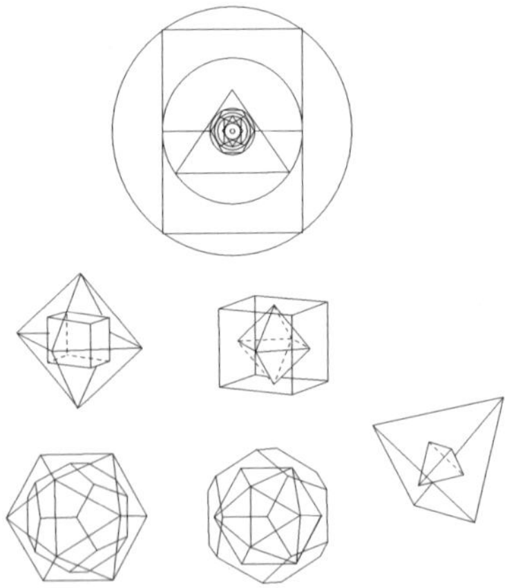

(da: *Platonische und archimedische körper, ihre Sternformen und polaren Gebilde*, Paul Adam-Arnold Wyss, Verlag Freies Geistesleben, Stuttgart 1994)

Illustrazione XI — Forme di foglie, di fiori, di cristalli

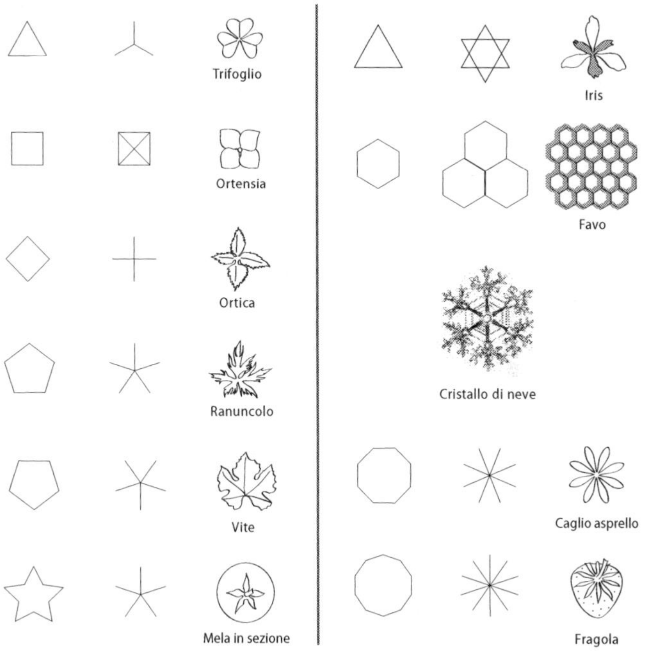

noi, nell'organizzazione stessa di tutti i nostri atomi, delle nostre cellule e delle nostre molecole. La temperatura, la pressione, la luminosità, l'elettromagnetismo influiscono su questi legami. Quel microcosmo che è la Terra non è che la contrazione di un macrocosmo. Troviamo questa conoscenza in tutte le grandi civiltà del passato. *La materia non esiste. In fondo non è che l'energia concentrata dalla gravità, e tenuta in questo stato di contrazione dall'elettromagnetismo.*

In modo più poetico, si può dire che la materia non è che un abito invernale, un abito necessario quando le leggi della gravità sono più forti di quelle del Sole. E oggi tentano di convincerci che i geni – docili servitori di queste forze – sono l'origine del sistema che dà la vita. Ancora una volta, ma secondo un disegno potenzialmente molto più lucrativo, si vogliono ignorare le cause accontentandosi di rimuovere i sintomi dei disequilibri.

È possibile anche ritrovare l'importanza della saggezza latente nella forma di certi strumenti musicali, per esempio in quella del violino che, con le sue giuste proporzioni, è come "accordata" con forze archetipiche precise. Il violino crea, così, una perfetta cassa di risonanza per un mondo che è, nella sua essenza, esclusivamente vibratorio. Insomma, *il suono genera la forma*. Il suono dà forma a della limatura di ferro sparsa su un foglio di carta, per esempio. Le

Illustrazione XII — L'uomo all'interno di un cerchio e all'interno di un dodecaedro

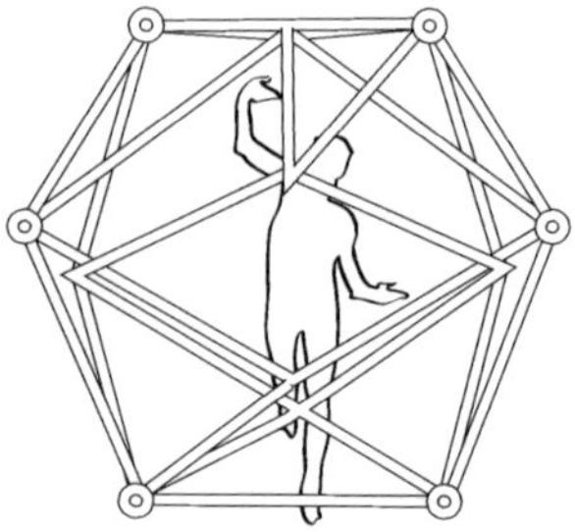

Tratto da una illustrazione di Marcus Vipsanius Agrippa (63 a.C.-12 a.C.)

Illustrazione XIII — Mutazioni delle forme le une dentro le altre

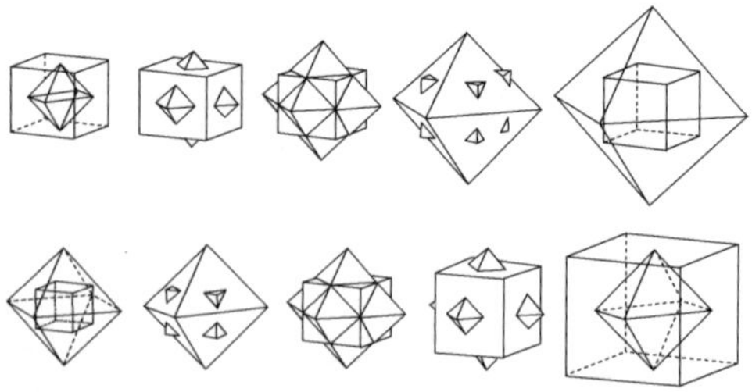

(da: *Platonische und archimedische körper, ihre Sternformen und polaren Gebilde*, Paul Adam-Arnold Wyss, Verlag Freies Geistesleben, Stuttgart 1994) antiche civiltà lo sapevano. Ma, in cambio, *la forma genera il suono*; gli strumenti musicali ce lo dimostrano continuamente. Tutto non è che azione e reazione, sulla Terra come nell'universo. Più scientificamente, si potrebbe dire che uno strumento la cui forma è nata da giuste proporzioni genera più coerenza nell'emissione di onde sonore. Le forme hanno il potere di modificare le onde sonore. E altrettanto fanno i metalli: una tromba avrà sonorità diversa se fatta in rame o in argento, come ben sanno i musicisti.

Possiamo ora allargare la nostra comprensione a molte altre forme che ci circondano e che non sono più capite. Forme di mobili, per esempio, tra cui certi letti a baldacchino, la cui sapiente concezione garantiva un sonno perfetto. E così torna a essere comprensibile il significato dei tanti sigilli protettori, a volte chiamati talismani, le cui forme geometriche, sempre differenti, creavano un legame con delle forze energetiche ogni volta diverse. C'è una *scienza energetica* dietro tutto questo.

Il sapere relativo alle forme e alle risonanze segrete che esse creano nel nostro intimo è, d'altra parte, ben conosciuto nel

Illustrazione XIV — Violino e sigilli gotici

Questo schema ci mostra che in passato esisteva la coscienza delle forme implicite nell'uomo e prese a riferimento per il violino

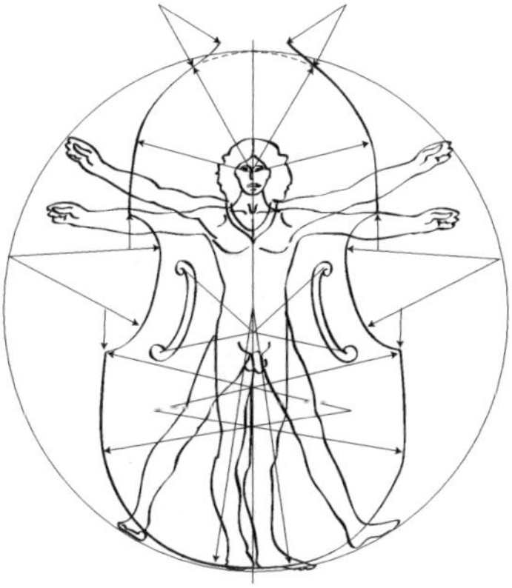

La seguente rappresentazione schematica di sigilli, evidenzia come il disegno qui riportato in grassetto per un anello o un medaglione, non è che la risultante di una organizzazione geometrica molto precisa, derivante da angoli, cifre, proporzioni o forme specifiche

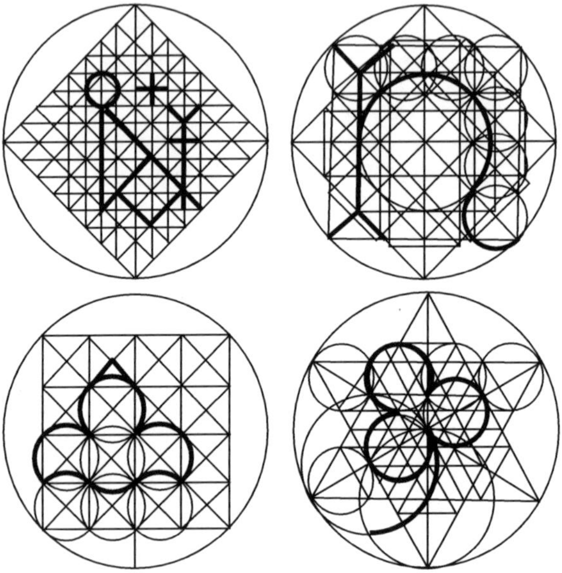

(da: Kevin Coates, *Geometry, Proportion and the Art of Lutherie*, Oxford University Press, Oxford 1985)

mondo della pubblicità, che può servirsene per tentare di scatenare un impulso all'acquisto. Si tratta dunque soltanto, per ciò che concerne la viticoltura, l'agricoltura e più in generale la nostra cultura, di aiutare ognuno a creare un legame cosciente con forze agenti di cui non ci hanno parlato abbastanza nel corso della nostra educazione. Questo impoverimento ha oggi conseguenze molto gravi, perché si parla soltanto di materia e non delle energie specifiche che nella materia sono latenti. Di fatto, nello studio di una forma bisogna sempre tentare di vedere la complementarità, ossia ciò che la circonda. Non sono il segno o la forma che creano direttamente un effetto, ma la matrice che richiamano. Lo si capisce meglio guardando l'illustrazione di sigilli gotici che non riproducono che *una parte* dell'immagine globale.

Ma, attenzione: dobbiamo anche badare a non replicare il passato, a non fissarlo nel tempo, perché nell'universo tutto evolve e anche *le forze che sono attive sulla Terra si modificano*. Niente è fisso: è il comprenderlo che consente l'evoluzione. Per questa ragione, ad esempio, l'uomo di oggi non è più fatto per le piramidi – tuttavia mirabili – non essendo più, affatto, l'uomo di ieri.

Per concludere con una semplice introduzione a quanto implichi la comprensione delle forme platoniche, è bene ricordare che la Terra, all'interno del sistema solare, è posizionata tra i pianeti esterni che hanno un ciclo annuale più lungo del nostro – Marte, Giove, Saturno – e i pianeti interni – Venere e Mercurio – che hanno un ciclo annuale più corto. Le forme platoniche di cui si è parlato, per essere pienamente "attive" a livello energetico, devono anche essere disposte l'una nell'altra, come delle bambole russe. Si crea così una fonte energetica di armonia, straordinaria per guarire l'uomo da tutti i suoi mali. Una guarigione profonda, questa volta.

Tutti i grandi edifici architettonici del lontano passato, ovunque sulla Terra, recano le tracce di questo sapere grandioso al quale non si può rimanere insensibili qualora ci si impegni a comprenderlo. Anche il Goetheanum, costruito all'inizio del secolo XX da Steiner e ricostruito in cemento dopo essere stato distrutto da un incendio, è concepito sulla base dei cerchi, del pentagono, delle forze contrapposte e di una potente forza mediana che le armonizza. Non si deve dimenticare che più grandi sono le forze che creano contrapposizione, più le loro armonizzazioni generano effetti salutari. Un contributo importante di Rudolf Steiner a questa architettura del passato è la nozione di metamorfosi delle forme, o di passaggio da una forma all'altra, allo scopo di creare un legame tra l'arte e la scienza. Si tratta, in qualche misura, di "embriologia architettonica", di un'architettura organica vivente che viene così creata e che implica un agire interiore da parte del visitatore. Occorre, in primo luogo, grazie alla propria percezione, legarsi a una forma nella quale si entra. Si fa lo sforzo di "essere la forma", "essere" ciò che permette di vivere in seguito la sua mutazione passando in un'altra sala. È un po' quello che fa un seme che, dopo diverse mutazioni, diventa una pianta compiuta fisicamente. Quella che qui viene mostrata rappresenta, in architettura, una importante evoluzione.

Si può forse capire meglio, ora, come tutti i dettagli di questi eminenti luoghi del passato rispondano a regole geometriche molto precise, che nulla lasciano al caso. Si è circondati da un continuo rapporto di forze e controforze, o spinte e controspinte, presenti peraltro ovunque nel sistema solare e nell'universo, nel quale gravità [centripeta] e attrazione [centrifuga] sono in lotta permanente. In tutte queste antiche costruzioni, i pilastri sono, in fin dei conti, luoghi di scambio tra due forze contrapposte. Lo si può esprimere anche altrimenti: è lì che la dimensione tellurica e cosmica si legano l'una all'altra o mutano l'una nell'altra. Un sapere di questo genere è già presente nei dolmen e nei menhir. È poi ancora più evidente nell'arte gotica, se solo si osserva, per esempio, la scelta delle sculture realizzate sulla cima di ogni capitello mano a mano che ci si avvicina al centro della chiesa. Non si tratta di decori simbolici, come troppo spesso si ritiene, ma di una concreta illustrazione della mutazione delle forze che si perveniva così a ottenere. Chi oggi saprebbe fare altrettanto?

Questi pochi ragguagli, terribilmente parziali e riduttivi, circa un sapere immensamente profondo basato sulla legge dei numeri, delle proporzioni e delle loro implicazioni planetarie e stellari, hanno per unico scopo di dimostrare quanto le grandi architetture sacre del passato sapessero comprendere, cogliere, dominare, concentrare e convogliare delle forze macrocosmiche in uno spazio fisico preciso. In quel periodo la parola religione, derivata da "rilegare" [dal latino *relegere*], significava soprattutto far passare l'uomo in quello che si potrebbe chiamare un luogo che genera "un bagno energetico particolare", grazie al quale ognuno si sente meno unitario e meno individuale a causa di effetti precisi. Tutti questi luoghi – si tratti di templi birmani, laotiani, egizi, indiani, o di cattedrali come Chartres in Francia, Naumburg in Germania, o di chiese di ispirazione celtica in Bretagna – presentano peculiarità energetiche e generano atmosfere *qualitativamente* diverse. È una vera e propria scienza energetica che ognuno è in grado di percepire. Si ottiene un po' lo stesso risultato, anche se in un altro modo, in una corale nella quale i suoni, ciascuno con la sua vibrazione, si fanno unità.

I volumi colmati di un tale sapere architettonico erano dunque molto più ricchi a livello energetico dei volumi fisici creati dall'arbitrario funzionale odierno, in cui le idee sprovviste di conoscenze profonde non possono giungere a trovare sostegno su forze energetiche salutari. Spesso, ahimè, si verifica l'esatto contrario; circostanza che inevitabilmente aggrava il deficit dei nostri sistemi di assistenza sanitaria. Si dovrà pure, un giorno o l'altro, convenirne.

La legge degli armonici

Bisogna ora concludere questa indispensabile introduzione alla comprensione della realtà delle forze che agiscono oltre il mondo fisico, andando a scoprire il principio delle leggi così preziose della risonanza e degli armonici. Queste leggi, infatti, erano considerate i vettori di energie molto particolari e molto fortificanti; era proprio secondo queste leggi che tali energie potevano manifestarsi compiutamente e giungere in un luogo preciso; in termini attuali, si potrebbe dire che costituivano "l'autostrada" che consentiva di andare da un luogo a un altro. È sempre grazie a queste leggi che l'uomo può sentirsi un po' più libero dall'asservimento che la sua individualità gli impone. Osservate come certe musiche ci tranquillizzino, osservate i loro effetti riconosciuti dalla scienza sulla salute oppure sulla crescita delle piante. Anche qui non si tratta che di messa in risonanza, in ultima analisi, con dei piani formatori.

Cerchiamo di capire concretamente: prendete due diapason identici o di proporzioni equivalenti e fatene suonare uno; l'altro, anche se si trova a diverse decine di metri di distanza, si metterà a suonare con lo stesso suono. Un solo diapason può farne suonare altri mille, centomila, dieci milioni. Dietro a tutto questo ci sono vere leggi scientifiche, immensamente potenti, che possono diventare, peraltro, assai pericolose se mal utilizzate, evenienza possibile in società irragionevoli come le nostre. Il dominio delle energie esige una vera coscienza, potendo generare la vita o la morte. Lo si è visto con la bomba atomica. C'è una scienza dell'energia, oggi, che costituisce un vero e proprio segreto di difesa, e che consente il controllo del tempo meteorologico, delle precipitazioni, della copertura nuvolosa di un Paese. Si tratta di armi di cui diversi Paesi dispongono. Ne abbiamo avuto una piccola dimostrazione con quei revolver hertziani[5] di cui sono stati dotati i poliziotti delle *banlieus* parigine. È anche bene sapere che in Francia si può chiedere ai Comuni una mappa delle servitù hertziane del territorio di competenza. Si tratta di corridoi hertziani lunghi generalmente da 30 a 100 metri. La maggior parte di questi corridoi appartiene all'esercito. Non ci vengono mai forniti (se non per quelli riservati alla televisione) dati relativi alle rispettive frequenze[6] nonché agli utilizzatori. Argomenti di dibattito come questi sono formalmente proibiti in qualsivoglia ambiente politico.

Per semplificare, è sufficiente capire che, grazie agli armonici che generano i suoni, è possibile predisporre un luogo a essere ricettivo rispetto a un'altra fonte vibratoria che, ovviamente,

5. L'Autore si riferisce qui al *taser*, arma a forma di pistola in grado di infliggere un elettroshock di 50 000 volt a una distanza di 7 metri (*ndt*).
6. Vedi in bibliografia Thierry Gautier.

deve essere precedentemente individuata e conosciuta. Si possono dunque fare risuonare delle forze archetipiche altrove che non nel luogo in cui sono generate. Per ottenere questo occorre riprodurre degli angoli, dei piani, delle proporzioni particolari e molte altre cose che corrispondono a potenti luoghi di emissione, celesti o planetari, di cui abbiamo parlato. Non si tratta, come a volte si fa – per esempio a Chartres –, di registrare le microfrequenze di un luogo e di riprodurle. In questo caso non si otterrà che una copia, un doppione, senza alcun effetto terapeutico. Tutto questo era un tempo conosciuto in modo diverso. Prendiamo, per esempio, il nostro metro, la nostra unità di misura. Per molto tempo è stata basata sul meridiano terrestre. Era la decimilionesima parte di un quarto del meridiano terrestre, che non è una misura fissa e che ha dovuto essere sostituita, circa un secolo fa, dal raggio polare. Ci si è allora accorti che il cubito egizio equivaleva esattamente a un decimilionesimo del raggio polare. Si capisce forse meglio ora il motivo per cui queste misure, considerate sacre, come i cubiti e i pollici, erano tenute segrete, si ritrovavano in tutti i Paesi e corrispondevano a proporzioni generatrici di effetti potenti, sapendosene servire.

L'attivazione

Per "fare vibrare" queste proporzioni bisogna infine – come si fanno vibrare le corde di uno strumento musicale pizzicandole – "alimentare" questi edifici con qualcosa che metta in movimento le loro forze vibratorie e che li faccia risuonare a livello energetico. Per ottenere questo risultato ci vorranno una o più forze. E qui entrano in gioco le peculiarità, o le "anomalie" (elettromagnetismo, corsi d'acqua...) dei luoghi prescelti dagli antichi per edificare le loro costruzioni, come si diceva poc'anzi. L'uomo stesso, che occupa una posizione preminente rispetto al regno minerale, vegetale e animale, è certo anch'egli una forza chiave per catalizzare queste forze. I grandi luoghi richiamano grandi personalità, individui in anticipo sui loro tempi. In viticoltura avviene un po' la stessa cosa, e alcuni grandi nomi, conosciuti o sconosciuti, sono lì a mantenere la rotta. Non ci si può comunque esimere dal soffrire, vedendo a volte straordinari luoghi viticoli devastati da tanta incapacità di comprendere o da tanta incoscienza.

Anche la voce dell'uomo, il suo pensiero, del quale oggi è stata dimenticata la capacità di vibrare, i suoi gesti – c'è una nuova scienza dei gesti chiamata euritmia – partecipano alla attivazione di questi eminenti luoghi architettonici, un po' come un primo violino che intervenga a "mettere a punto" la musica dell'orchestra. Steiner aveva spiegato, credo, che nell'architettura greca le forze sono di per sé stesse attive, ma che nel gotico il ruolo dell'uomo è indispensabile per "unificare" o "potenziare" le energie che vi si esprimono. Allora il luogo, in quanto ricettivo, entra in risonanza con la sua o le sue "forze madri" alle quali è stato "connesso", come si potrebbe dire con un linguaggio odierno. Ripetiamolo ancora: prima di pervenire al piano fisico, tutto non è costituito da altro che da energie portatrici di informazioni veicolate da ogni sorta di frequenze e onde assolutamente misurabili. Questo è il principio. L'architettura del passato lo conosceva e se ne serviva. Oggi sempre più persone ne hanno timore, con tutti i rischi che ciò comporta. La crescita di una pianta, di un animale, di un uomo è, tutto considerato, assai simile; ma tutto, in questo caso, avviene grazie a un'architettura quasi invisibile costituita da un sistema di forze organizzate che abitano la Terra e l'atmosfera.

Centinaia di luoghi diversi possono essere resi ricettivi a una o più sorgenti energetiche stellari o planetarie. Questa lunga spiegazione era necessaria, poiché l'agricoltura biodinamica, pur se *in altro modo*, è un po' anche questo: aiutare un luogo a essere ricettivo alle leggi del vivente, dunque del macrocosmo senza il quale la Terra sarebbe un cadavere.

L'acqua

Perché questa risonanza sia ben stabilita in un organismo vivente, o perché la trasmissione di tutte queste forze vibratorie di vita in un organismo vivente si realizzi al meglio, l'elemento essenziale è l'acqua. «Non c'è vita senza acqua» si dice sempre, e «l'uomo è fatto per l'85% di acqua»; ma bisogna afferrare bene il funzionamento di questa acqua, il suo ruolo qualitativo come elemento di risonanza, se si preferisce. *Sono i legami molecolari dell'acqua degli esseri viventi che si modificano in funzione dei campi elettromagnetici*, e più in generale energetici, nei quali queste molecole sono immerse. Tutto considerato, le cellule possono essere concepite come emettitori o recettori, diceva Lakhovsky nel suo libro *L'origine de la vie*, che per altro recava la prefazione – in un periodo in cui la scienza non era ancora un affare economico – di Arsène d'Arsonval[7] dell'Institut de France. Era l'inizio del secolo XX. E non era in fondo quella stessa cosa che Jacques Benveniste[8] chiamava «la memoria dell'acqua»? L'acqua è il collegamento nel mondo fisico della vita vibratoria, dei ritmi terrestri e cosmici, senza i quali noi siamo morti. Capire bene queste cose equivale a comprendere la folle irresponsabilità di certi scienziati, sistemati nei posti chiave, che giudicano come privo di conseguenze il piazzare antenne di telefonia mobile sopra grandi serbatoi d'acqua, quando invece la fanno vibrare in permanenza con forze (900 e 1800 GHz) nocive per il nostro equilibrio. Un simile modo di fare produce un risultato contrario a quello delle sorgenti che un tempo erano chiamate miracolose, che esistevano davvero,

7. Arsène d'Arsonval (1851-1940), medico, fisico e inventore, attivo in particolare nei campi dell'elettricità applicata alla medicina e della telefonia.
L'Institut de France, fondato nel 1795, comprende cinque accademie, la più famosa delle quali è l'Académie Française.

8. Jacques Benveniste (Parigi, 1935-2004), medico e immunologo noto per sue ricerche sulle basi dell'omeopatia; famoso in particolare un suo articolo del 1988 sulla «memoria dell'acqua».

almeno in alcuni casi, e che sono facilmente spiegabili. A seconda della velocità dei loro percorsi nel sottosuolo, dell'elettrotellurismo e del magnetismo specifico di un luogo attraversato, delle differenti geologie dei suoli – e persino delle loro forme e configurazioni, tutto essendo collegato –, si può dunque dire, a seconda delle forze di cui queste acque si erano caricate, che potessero avere "spettri di frequenze" molto simili a quelli delle acque predominanti nell'uno o nell'altro dei nostri organi. C'erano dunque sorgenti dette guaritrici o, in termini odierni, "assai benefiche", per il fegato, i reni, il cuore eccetera. Esse restituivano a un organo indebolito o affaticato i ritmi di vita di cui aveva bisogno; lo ricollegavano nuovamente alla sua forza madre, alla sua forza archetipica. Il che era assolutamente giusto, visto che tutto è vibratorio. Non lo si ripeterà mai abbastanza: non c'è vita senza questo mondo vibratorio che l'uomo di oggi devasta un poco di più ogni giorno. Qualsiasi cambiamento delle frequenze, delle onde che circondano e penetrano la Terra, cambia l'espressione del vivente e cambia l'uomo, esaurendo anche il suo capitale di salute. L'argomento è tabù e non viene mai sollevato perché i soli costi sanitari relativi all'inquinamento *energetico* attuale potrebbero denunciare il fallimento dello Stato – niente di meno – e dunque anche il nostro, essendo lo Stato costituito dall'insieme dei suoi cittadini. Meglio dunque accontentarsi di parlare di inquinamenti fisici e soprattutto della "malvagia" CO_2.

Succedeva così che in certe chiese, in giorni precisi, come gli equinozi o i solstizi, secondo lo spostamento del Sole, una o più aperture opportunamente collocate da un'architettura portatrice di tutte queste conoscenze, poteva catalizzare talune energie molto benefiche per l'uomo e per la sua salute, che non è fatta che di complementarietà e di armonie. Molto di tutto questo si ritrovava nei pellegrinaggi – a Chartres, per esempio – sino alla fine del Medioevo[9].

9. Era questo il periodo in cui si poteva rappresentare in una vetrata il Bambino Gesù all'interno di un icosaedro.

Poi, poco a poco, questo sapere si è spento e i riti sono rimasti, senza produrre ogni volta gli effetti attesi. Bisogna capire che il livello delle conoscenze astronomiche delle civiltà del passato era molto elevato; che molte persone percepivano su se stesse gli effetti delle energie, anche quelle dei suoni. Alcuni vecchi stregoni, figure oggi in via di estinzione, potevano persino spostare i corsi d'acqua sotterranei per mezzo di una precisa sonorità legata al loro pensiero. Si trattava di un dono, ed è quasi scomparso.

Scegliere la collocazione delle aperture

Si trovano piccoli edifici templari nei quali, solitamente, il sole non filtra che da un minuscolo foro una sola volta all'anno, come nella Rotonda di Montesiepi, nella cappella di San Galgano, a Chiusdino in provincia di Siena. I raggi luminosi convergono su punti precisi che agiscono come catalizzatori. Non dimentichiamo che i raggi luminosi sono sempre delle onde: onde di riflessione o di rifrazione. Tutto questo appartiene alla dimensione vibratoria. Ritroviamo lo stesso principio di apertura o di orientamento, o di parallelismo rispetto ad assi precisi, o di utilizzo di colori particolari per le vetrate, poiché anche i colori sono onde, in alcuni luoghi sacri di tutte le religioni. La posizione di ogni statua fa parte di questi scambi segreti, evidenziati a volte dal movimento delle braccia puntate verso la terra o il cielo, o verso un altro punto preciso, a indicare i legami che i costruttori avevano fatto nascere. Capita qualche volta che le risonanze non ci siano più; le configurazioni celesti sono cambiate (precessione degli equinozi) o, più semplicemente, il sottosuolo si è modificato (elettrotellurismo, passaggio d'acqua...).

Attenzione: si possono a volte trovare, in alcuni luoghi eminenti, dei punti volutamente nocivi per noi esseri viventi. Lo si può vedere in certi templi egizi, o in Europa con la "pietra dei morti" destinata al feretro. Le particolarità energetiche, in questi casi, non sono più forze di incarnazione ma di disincarnazione (forze centrifughe, polarità opposte) e per ignoranza oggi vi si collocano a volte delle sedie.

Senza andare così lontano, vi consiglio di ricordarvi che anche nelle nostre cantine ci possono essere certi luoghi nocivi per l'espressione del vino. Alcune persone possono correggerli. Entrare in questa sfera è, peraltro, abbastanza pericoloso, perché spesso vi si trovano mescolate insieme competenza, incompetenza e ciarlataneria.

Tutto questo ci permette di cogliere più profondamente quanto gli antichi grandi maestri dell'architettura, della letteratura o di altre scienze, agricoltura compresa, si impegnassero a capire la polarità opposta a quella della materia; quella senza la quale non c'è vita sulla Terra, quella che "forma" tutto il mondo fisico. Era, quello, un tempo in cui ancora si era capaci di capire che tutte le scienze sono collegate tra loro dalla legge dei numeri che, per permettere di entrare dentro la materia – perché dividere significa proprio questo –, divide l'unità in modo ogni volta particolare. Tutte le "lunghezze d'onda" sono dei numeri. La chimica è totalmente retta dalla legge dei numeri, non dimentichiamolo, e tutte le energie, tutti gli atomi, sono, come si è già detto, delle lunghezze d'onda. Non lo si può più confutare. È questo il senso della frase, che per alcuni risulta un po' enigmatica, incisa all'ingresso di certi templi o di certe chiese molto antiche: «Non entri chi non è geometra».

Tutto è incluso nei numeri e nelle proporzioni. Si può forse ora comprendere meglio perché i codici a barre imposti su *tutto* il nostro cibo, e persino sulle nostre medicine, sono tanto nocivi? Le cristallizzazioni ce lo dimostrano[10]. La lettura dei co-

10. Vedi Nicolas Joly *Le vin du ciel à la terre La viticulture en biodynamie*, Éditions Ellébore-Sang de la Terre, Paris 2005 [edizione italiana *Il vino tra cielo e terra*, Porthos, Roma 2003, *ndr*].

dici a barre impone ai nostri alimenti un algoritmo basato su tre volte il numero 6, che è l'opposto di quello di cui abbiamo bisogno. Perché è stato scelto questo algoritmo, invece di un altro? È a queste stesse leggi di geometria proiettiva che Adam e Wisher (vedi bibliografia) hanno dedicato un libro in cui le indicazioni di Rudolf Steiner sulla quarta dimensione sono applicate al mondo vegetale. Non si può qui omettere di citare Guy Thieu[II], il quale in moltissime occasioni ha saputo evidenziare, con modestia e immensa competenza, nel corso delle sue numerose conferenze, un legame tra la scienza odierna e il simbolismo. L'alchimia era anche questo: abbandonare le leggi della Terra, dell'elettrotellurismo, della pesantezza, e risalire alle leggi più celesti che presiedono all'evoluzione del nostro pianeta, passato e futuro inclusi.

Le forme e le loro energie specifiche

Questa lunga dissertazione è assolutamente indispensabile per meglio cogliere, questa volta in profondità, la realtà di ciò che è vivo sulla Terra, e dunque il lavoro di una pianta, della vite, il suo ruolo, ciò che la sostiene o che la penalizza. Occorre che ognuno possa, *da solo*, stabilire in modo chiaro la differenza tra i veri progressi e quelli falsi, che troppo spesso tentano di presentarsi ai nostri occhi attraverso un sistema sapientemente organizzato, con un bell'abito da cerimonia. Bisogna uscire dalla dimensione affettiva, dal credere o dal non credere in un mondo di energie o nella biodinamica – della quale parleremo qui più in dettaglio – per entrare nel mondo di una scienza nascente, sostenuta da una intera nuova generazione di studiosi affidabili. Si tratta di un'autentica scienza dell'energia che sta nascendo.

II. L'autore citato ha in gestazione un libro che fa la sintesi del sapere scientifico sulle energie.

Tutto questo potrà anche guidarci a capire l'aiuto davvero reale che ci si può attendere da talune forme o proporzioni, e dalle energie alle quali queste sono legate. In buona sostanza, le forme e i materiali agiscono sui legami molecolari. Per questo nel passato ogni forma aveva una funzione precisa. Osservate, d'altronde, le antiche teiere in porcellana, la cui forma è appena stata riprodotta per caraffare il vino. Le forme agiscono sul sapore, sulla "apertura" o "chiusura" (destra o sinistra è la stessa cosa) di un prodotto alimentare. Questo vale anche per la cottura degli alimenti. C'era, in passato, una competenza nel martellare il rame a mano, tanto e tanto da produrre effetti molto potenti sull'espressione qualitativa degli alimenti che vi si facevano cuocere. Pura immaginazione, penseranno certi cartesiani. Eppure, la scienza di oggi può dirvi che su quei rami la lavorazione aveva modificato le catene molecolari cubiche in catene pentagonali, e che dunque l'effetto sugli alimenti risultava diverso. Ritroviamo quindi ancora le forme platoniche e le loro funzioni. Certo tutto questo agisce sul gusto. La scienza comincia finalmente a stabilire un legame con il mondo qualitativo segretamente attivo nella nostra vita di tutti i giorni. Così, una équipe di ricerca sul cancro (articolo di *Le Monde* del maggio 2007) si è appena resa conto del fatto che «... il processo canceroso non risultava dalle sole mutazioni del Dna, ma *era condizionato dall'ambiente di quel Dna*... Una lesione cancerosa appare non appena Dna e Rna *non rispettano più le regole universali* dei codici genetici». Straordinario progresso fondamentale. Ne deriva un autentico panico per tutti coloro che vivono così bene di un sistema di assistenza che vorrebbero far durare in eterno.

Lo stesso Pasteur aveva sperimentato diverse forme di contenitori per la conservazione dell'acqua. In alcuni non si verificava quasi nessuna degradazione, in altri l'acqua si degradava rapidamente. Le forze chiamate in causa non erano le stesse. Ritroviamo, grazie a questi esempi, il significato delle forme e dei materiali utilizzati in cucina. Sì, quando parliamo di cantine, quando parliamo di barrique o di anfore, dobbiamo innanzitutto parlare di forme, di rapporti di verticalità e orizzontalità, di proporzioni, di rapporti angolari che si fissano nella materia con una molteplicità di forme piene di valenze estetiche. Si vede facilmente nel mondo minerale, o ancor meglio nei cristalli di neve appena forgiati da forze esagonali – onnipresenza delle forme platoniche –, l'agire di queste differenti forze un tempo classificate in sette forme madri, o se si preferisce in sette matrici planetarie che generano tante diversità architettoniche. È necessario *prendere coscienza appieno* del fatto che queste forme madri scompaiono nei cristalli sintetici, vale a dire quando ci si sia separati dalla matrice del macrocosmo, dalla matrice di vita. È importante capire tutto questo perché, a livello terapeutico, un prodotto di sintesi e un prodotto naturale *non possono* possedere le medesime forze. Le morfocromatografie[12] ne forniscono immagini chiare. Questo vale anche per la musica o per la musicoterapica, perché ci vuole una vibrazione autentica direttamente emanata da forme e da metalli. Lo stesso avviene per le immagini di sintesi, dalle quali non emana più il vibrare di luce di quello che si è fotografato.

Osservando tutte le finezze scultoree di un cristallo di neve, ci si sente obbligati a concentrarsi su quello che potremmo definire come "matrice energetica" che lo genera, vale a dire lo straordinario ordine delle contro-forze, o delle forze formatrici – è la stessa cosa – che si oppongono in tanti punti e tanta eleganza e precisione al farsi della materia.

È per questo che certi asiatici si interessano più alla osservazione dei vuoti che a quella dei pieni quando guardano un paesaggio. Tentano di cogliere le forze che lo creano. Tutto ciò permette ormai a ciascuno di collegare con maggiore chiarezza la nozione di forma con le differenti energie che a essa sono legate.

Bisognerebbe, in teoria, insegnare ai bambini a gustare la dimensione energetica di un luogo, proprio come noi abbiamo

12. Vedi N. Joly, *Le vin, cit.*

Illustrazione XV — Immagini di cristalli.
Osservate il cristallo e immaginate la sua matrice

(da *Snow Crystals*, *W.A. Bentley*, *Dover Photography Collections*, Dover Publications, Mineola NY 1962)

imparato a gustare un vino. Tentare di percepire gli effetti che si oppongono alla pesantezza (non dimentichiamo che abbiamo anche noi la nostra "architettura", con le nostre volte plantare e cranica...) o quelli che ci spengono. E poi tentare di percepirne anche gli effetti sulla nostra creatività, sulla nostra sfera psichica, secondo le forme nelle quali ci evolviamo, o persino secondo l'alimentazione che scegliamo, e i suoi effetti sul nostro umore o sui nostri umori; in fondo è la stessa cosa. La medicina di un tempo non ha scelto le sue parole a caso. Idealmente e più semplicemente, l'avrete ormai capito, bisogna consentire all'uomo di vivere e di dormire – momento nel quale non ha più difese – in luoghi in cui le forze solari siano predominanti. Certo, fanno eccezione alcuni monasteri, di solito cistercensi, volontariamente situati in luoghi molto "terrestri", perché l'uomo, con il suo pensiero, la sua volontà e la sua concentrazione possa sostituirsi in parte alle forze solari esterne facendole nascere dall'interno; il che implica allora uno sforzo permanente.

Bisogna dunque tentare di ritrovare le forze che ogni forma genera nel nostro ambiente quotidiano, con onde chiamate "onde di forma" – ogni volta differenti –, che producono effetti qualitativi assai particolari. Ognuna di queste onde è portatrice di forze specifiche che gli antichi – a seconda dei luoghi geografici in cui risiedevano, e che interferiscono in continuo con le leggi della vita – avevano adattato a ogni prodotto alimentare, tra cui il vino. Quale forma si adatta a quale prodotto? Quali materiali utilizzare? Quali effetti energetici hanno questi materiali? A quale sostrato sono legati? Si ricorreva a tutto questo sapere per ottenere la forma, e lo stesso era per la sonorità delle campane.

Rendiamoci conto che, riguardo all'importanza del rame in cucina, è il suo sostrato planetario, Venere, a conferirgli quella sensibilità agli impulsi più sottili. In architettura si trova ancora traccia di questo sapere nelle case sotto le quali passava una corrente in senso contrario al sole, dunque ovest-est, e pertanto nociva alla vita. Se si costruiva nel sottosuolo un soffitto a volta – si tratta di una forma – magari anche sotto una sola stanza, si raddrizzava quella corrente, permettendo una vita sana al piano terra. Nessuna cattedrale è stata costruita se non in presenza di diversi passaggi di acqua nel sottosuolo, passaggi che si incrociano in corrispondenza del punto in cui era collocato l'altare, e sopra il quale veniva, ovviamente, edificata una volta. La corrente negativa che sale viene riverberata al suolo dalla volta, in modo che dai due segni negativi ne risulti uno positivo. Eliminare l'acqua che circola sotto una cattedrale equivale a distruggere il suo funzionamento energetico.

È importante riconsiderare tutto questo per quanto concerne la viticoltura. Queste qualità energetiche invisibili, ma molto reali, agiscono anche sul vino. Troppo tempo trascorso in un luogo nel quale non ci si sente bene può condurre a delle malattie gravi. Analogamente, una cantina in un luogo "inappropriato" può portare alla necessità di una scoraggiante manipolazione del vino, dato che le leggi della vita sono alterate da un eccesso di forze telluriche che, per ignoranza, viene incrementato giorno dopo giorno. Queste alterazioni si producono a volte su superfici molto piccole, di qualche metro quadrato, dove bisogna sostenere la fermentazione con il mosto di una barrique vicina, oppure travasare per riottenere un gusto più schietto. Al contrario, delle cantine molto antiche, impregnate dalla saggezza e dal sapere degli antichi costruttori, possono "ingoiare" o riarmonizzare bene disequilibri di cui il succo d'uva è portatore, senza che nessuno se ne renda veramente conto. Alcune persone hanno ancora il "dono" e possono modificare o migliorare realmente dei vini con la loro capacità di capirli e di accostarsi a essi. Altri possono guarire o curare le energie di un luogo, ferito dalla nostra incoscienza. Su questi argomenti ogni viticoltore attento alle leggi della vita avrà storie interessanti da raccontare.

6. Inquinamenti hertziani

Molte belle cantine moderne che hanno richiesto investimenti a volte enormi sono assurde sotto il profilo energetico. Già solo per ciò che concerne l'inquinamento elettrico – parliamo di frequenze di 50-60 Hz che impongono da 50 a 60 vibrazioni al secondo a tutto ciò che tocca, cemento incluso, un filo elettrico o una lampadina anche spenta – ci si imbatte in situazioni che fanno davvero venire voglia di dare un energico scrollone all'architetto o al proprietario. Se i problemi di tipo elettrico di un campo elettromagnetico possono essere facilmente risolti installando una buona messa a terra (che di solito si deteriora in alcuni anni), quelli di tipo magnetico, i più maligni, sono difficili da gestire una volta che gli errori siano stati commessi. Un tempo, nelle cantine si usava solo corrente a bassa tensione (25 volt) o corrente continua. Poveri lieviti, siate coraggiosi, dovendo affrontare tutti questi sbalzi. E tutto ciò è parte di quanto contribuisce a generare un sistema di consulenze tecnologiche.

Cari estimatori del vino, non trascurate di riflettere su queste cose, per le cantine dove tenete le vostre bottiglie. Penso in particolare a quei "frigoriferi da vino" che troppo spesso irradiano i loro 50-60 Hz di magnetismo. E, soprattutto, non acquistate rilevatori di campi magnetici a caso, visto che la loro sensibilità è spesso, di proposito, molto attenuata per sedare le vostre inquietudini. In cantina evitate anche di avere troppo metallo, che con le saturazioni hertziane odierne si mette in risonanza con ogni sorta di ritmi che il vostro vino vero, e dunque pienamente vivo, non apprezza. Il profilo di invecchiamento del vino può risultarne sensibilmente modificato...

Una destrutturazione energetica dell'atmosfera

Ebbene sì, la situazione oggi è assai più complicata che nel passato, perché l'uomo produce e impone alla nostra Terra e a quello che la circonda ogni sorta di lunghezze d'onda e di frequenze, senza preoccuparsi troppo delle interferenze che si vengono a creare con lo straordinario sistema che ci dà la vita. Il sistema solare non arriva sulla Terra con dei camion e degli operai, ma attraverso molteplici frequenze e lunghezze d'onda, ciascuna delle quali ha funzioni precise. Riempire o saturare l'atmosfera di frequenze prodotte per la nostra comodità equivale a modificare quella che Keplero chiamava «la musica delle sfere», vale a dire tutto quel sistema energetico armonioso che dà vita alla Terra. In sua assenza, la Terra sarebbe cadavere.

Non capire una cosa simile significa altresì modificare il clima, l'uomo e anche, più tardi, ma probabilmente molto meno tardi di quanto si creda, le polarità della Terra. Infatti, quando la Terra è esausta, inverte semplicemente le sue polarità, cosa che non avviene – come potrete facilmente immaginare – senza gravi conseguenze. Gli scienziati hanno già repertoriato da 100 a 300 – le stime differiscono – inversioni delle polarità magnetiche della Terra. Quando questo succede, è una intera organizzazione di vita (climatologia, correnti marine, adattamento delle specie...) che viene rimessa in causa e deve ricombinarsi in altro modo. Attualmente, in geobiologia, si osserva uno spostamento, uno slittamento delle correnti telluriche, in particolare nelle grandi città, dove l'inquinamento energetico è sempre più intenso. Bisogna anche capire – scusatemi se lo dico – che un terremoto non consiste semplicemente in due placche che si toccano, come ci è stato insegnato, così come un sorriso non sono solo due labbra che si tendono. La cosa interessante è conoscere la persona che decide di tendere le labbra per sorridere o, se preferite, conoscere il sistema che genera o scatena, in un momento preciso, quel terremoto; e in questo caso, solo un sapere macrocosmico ed energetico può permettere di progredire.

Infine, mettiamoci bene in testa una questione che può diventare di attualità: il sistema vivente che costituisce la Terra è assolutamente capace di sbarazzarsi *da solo* di un eccesso di inquinamenti hertziani. È tempo di rendersene conto, anche se certi incoscienti ne ridono.

Troppa gente oggi è ancora prigioniera del dogma che afferma che la vita è nata dalla materia. È l'esatto contrario: la nostra buona Terra, con le sue forze di gravità, si contenta di addensare ciò che entra nel suo campo d'azione. È semplicissimo. Non è il suolo che fa la pianta ma è prima la pianta che produce il suolo e l'humus, addensando l'intangibile. Questa incapacità di capire il mondo dell'energia e delle innumerevoli onde e frequenze di cui è costituito può diventare pericoloso negli anni a venire, e rischia di ingenerare processi tali da fare impallidire le questioni dell'amianto e del sangue infetto. Interferenze di ogni sorta vengono create con l'attività biologica degli esseri viventi. Ogni cambiamento di frequenze e di onde sulla Terra cambia l'espressione delle energie portatrici di vita. I cancri ce lo insegnano. È possibile mettere inopinatamente sull'orecchio di una persona frequenze di 900 o 1800 milioni di vibrazioni al secondo, senza modificare l'intero comportamento delle cellule della sua testa – che hanno ritmi propri – e la loro permeabilità? Gli studi che esistono al riguardo sono trascurati, e i finanziamenti che dovrebbero servire per approfondirli sono erogati sulla base di protocolli modificati, così da poterne dimostrare la non riproducibilità; il che consente provvisoriamente di ignorarli. Ma in questa fuga in avanti che le leggi dell'economia tentano ogni anno di imporre un po' di più a ciascuno di noi, fare retromarcia non è ormai più possibile. L'*impasse* è sempre più evidente, anche se è sconveniente parlarne. Così è il nostro tempo. Sapete che nessuna compagnia di assicurazioni copre i danni da hertz? Sarebbe il caso di chiederne ragione, visto che non è gente insensibile al profitto.

La conoscenza delle forme, e delle forze cui sono legate, ci permette ora di tornare a considerare e capire le barriques. La barrique è, come abbiamo detto, una volta a 360 gradi. Sistematevi in una barrique – o, se siete adulti, in una botte da 600 litri, risulterà più comodo – e potrete viverci momenti felici. Diogene non era pazzo. Un animale meno prigioniero di noi del suo intelletto lo percepisce subito; il cane lascerà molto presto la sua cuccia per installarsi definitivamente in una barrique. Gli uccelli non costruiscono nidi quadrati. Le loro uova non sono cubiche e neppure gli alveoli delle api. Quando cominciamo a osservare il mondo animale e le forme che genera, ritroviamo ovunque intorno a noi l'effetto delle forme platoniche: l'esagono per l'alveolo dell'ape, il pentagono per la stella di mare, i triangoli per le forme di vita primitive. Ogni specie si lega a una determinata forma, o a determinate forze – è la stessa cosa –, e questo ci aiuta anche a capire perché tanti medicinali sono derivati dal regno animale.

Quale forma si attaglia meglio al vino? Quale forza gli è maggiormente necessaria nel momento della sua genesi? Dove lo si vuole collocare, nella scala della vita? Ognuno deve trovare le sue risposte di fondo, e nessun altro. Non tutto si compra, ma tutto si impara se si è pronti a fare uno sforzo. Si dovrebbe studiare in un altro modo, con una visione più generale, più globale, come si faceva un tempo, prima di addentrarsi nei microdettagli di un ambito scientifico o di un altro. Tutto comunica, prima di separarsi. La pendenza così pronunciata di certi tetti di case antiche – 54 gradi, ossia l'angolo della stella a cinque punte – può condurci all'aspetto pentagonale dei cinque lobi di una foglia di vite. Sono forme platoniche.

Illustrazione XVI — Pendenza del tetto che corrisponde all'angolo di una stella a cinque punte

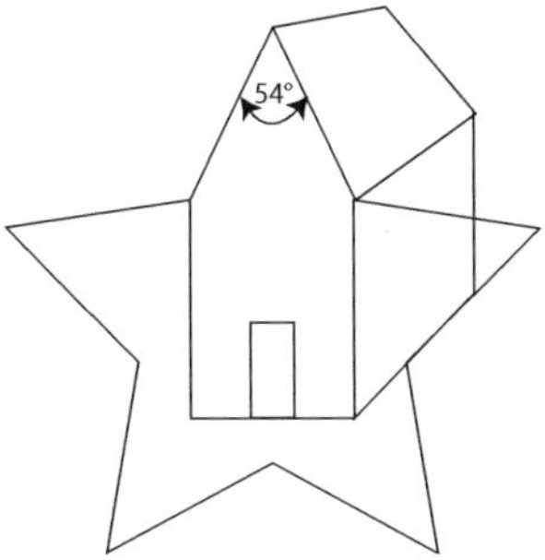

Si può ora capire il richiamo energetico creato da un tetto di chiesa che, rovesciato, riproduce la forma di un'anfora in cui il vino sta benissimo, ma in modo diverso che in una barrique. Tuttavia l'anfora, per svolgere bene il suo ruolo, deve essere interrata, dunque impregnata dell'elettromagnetismo della Terra. Come ricevere le sue forze, altrimenti? Il ricorso al mondo che sta in basso o a quello che sta in alto non risponde alle stesse leggi, e non ha lo stesso effetto sul vino. Bisogna recuperare questo sapere per evitare di costruire non importa che cosa, non importa come, non importa dove e non importa con quali materiali. La creatività di ciascuno deve essere prima nutrita dalla conoscenza delle leggi che si impongono alla Terra e all'uomo. Senza queste leggi, si perviene a una creazione che diventa selvaggia, spoglia di senso, fredda, e che di conseguenza agisce molto negativamente sull'uomo, al punto, a volte, da renderlo pericoloso.

Bisogna anche tornare a capire l'astro solare e il suo comportamento, il suo movimento e i suoi effetti nei diversi punti della Terra; per esempio, il punto in cui sorge e il punto in cui tramonta in quei momenti così particolari che sono i solstizi d'estate e d'inverno, vale a dire il giorno del trionfo delle forze solari su alcune leggi della gravità e viceversa. Questo permette a volte di capire le forme date alle fondamenta delle case fino a due o tre secoli

Illustrazione XVII — Capire le forme:
chiesa con un tetto identico a un'anfora. All'interno della chiesa le forze terrestri sono attratte verso l'alto, il che produce una elevazione. All'interno dell'anfora le forze del cosmo sono attratte verso il basso, e questo produce una incarnazione.

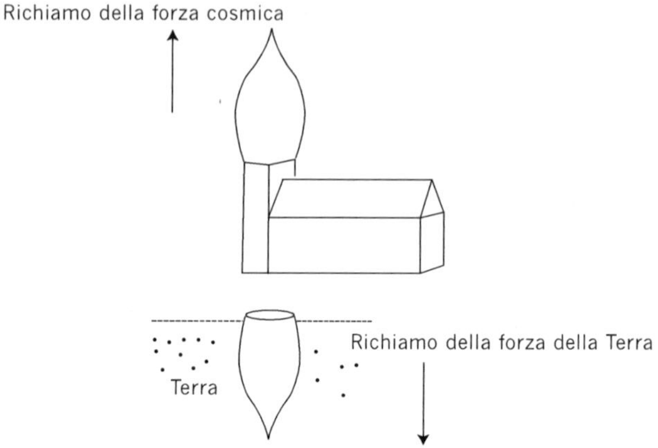

orsono. Esse variano secondo la latitudine. Più si va verso sud, più si ha un rettangolo allungato (che termina con una linea parallela all'equatore). Più si va verso nord, più si tende a un rettangolo orientato verso l'alto [v. illustrazione XVIII]. Nel Nord della Francia si trova più facilmente un quadrato. Perché parlare di questo, ora? Perché esistono leggi molto simili che consentono di capire le differenti forme date un tempo alle barriques, a seconda della latitudine del luogo cui erano destinate. A Porto, per esempio, la loro forma è più allungata che in Borgogna, proprio per le predette ragioni. Così il vino, durante la sua genesi, era in armonia con le realtà energetiche del luogo.

Un tempo la conoscenza delle energie non era soltanto sapere ma percezione. Pertanto, non aveva bisogno di essere spiegata. Lo si deduce anche dalle differenti forme date ai contenitori del latte, dell'olio, dell'acqua... che senza dubbio sposavano il corpo energetico di ogni prodotto. Questo migliorava la loro conservazione (e lo stesso sapere si ritrova negli abiti antichi).

Illustrazione XVIII — La variazione delle forme in funzione della latitudine.
Forme di case in funzione della latitudine e dei solstizi.
Tramonto del Sole – Solstizio d'estate
Sorgere del Sole – Solstizio d'estate
Tramonto del Sole – Solstizio d'inverno
Sorgere del Sole – Solstizio d'inverno

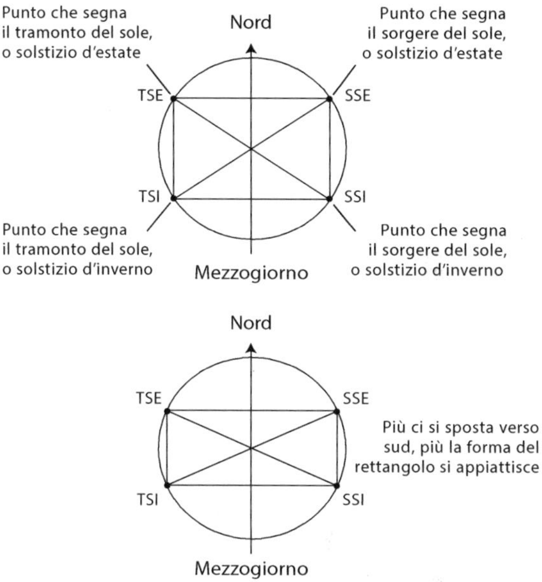

(da: *Église romane Chemin de lumière*,
J. Bonvin e R. Montercy, Éditions Mosaïque, Roanne 2001)

La conservazione di un alimento si ha grazie alla coerenza delle energie cui contribuiscono forme e materiali.

Come vedete, bisogna capire che solo il nostro sistema neurosensoriale ci lega al mondo fisico, mentre abbiamo interrotto il contatto con il mondo dell'energia dal quale riceviamo la vita. Da un secolo a questa parte non vengono insegnate che le leggi accessibili alla sfera cerebrale, dunque quelle della materia. Prima succedeva l'opposto: solo la sfera energetica contava. La cosa urgente oggi è legare tra loro questi due saperi, consentendo a gran parte del mondo scientifico di uscire dalla *impasse* nella quale alcuni dogmi l'hanno costretta. È tempo di dare la loro importanza a queste innumerevoli e rispettabili scoperte, realizzate con un complesso lavoro sulla materia in un contesto più ampio, nel quale l'aspetto fisico non è che una parte della realtà.

Occorre prima di tutto constatare che tutte le nostre percezioni sensoriali ci isolano, poiché ci rimandano alla nostra individualità che si sente fisicamente separata da quello che la circonda. Ciò che è assolutamente vero a un livello fisico individuale, lo è molto meno sul piano energetico, dove qualsiasi impulso interferisce con quanto sta intorno, senza la barriera costituita del confine fisico individuale. Il bambino piccolo ci aiuta a capire. Fintanto che non è ancora totalmente soggetto alle leggi della Terra, vede ancora le realtà energetiche che stanno dietro la materia; guardate bene i suoi occhi. È il nostro sistema sensoriale che ce ne ha sbarrato l'accesso, mentre definiva la nostra individualità. Quando la Terra ha adattato il bambino alle sue leggi terrestri di individualità (gravità, elettrotellurismo) lui comincia a dire «io» per designare se stesso, invece di chiamarsi con il suo nome senza avere pienamente coscienza della propria individualità. «Pierre non vuole quelle scarpe» diventerà allora «Io non voglio quelle scarpe». A partire forse dall'età di tre anni, il bambino perde la sua chiaroveggenza, ossia la percezione di quello che non è fisico.

L'animale non ha ricevuto totalmente la sua individualità, e non è sottomesso che alle leggi della sua specie e non all'individualità di ciascuno nell'ambito di una stessa specie, come invece succede per la razza umana. È per questo che ogni esemplare di una stessa specie animale rimane poco differenziato. Per questo l'animale è meno isolato dell'uomo dal sistema di energie viventi che inglobano la Terra. Attinge quotidianamente delle informazioni per la sua vita quotidiana, delle quali rimane assolutamente inconsapevole. Non può dunque eseguirle male. È questo che permette al castoro di costruire una diga secondo leggi matematiche che lui ignora, o agli uccelli di realizzare forme di nidi a volte sorprendenti ma sempre equilibrate. Così, l'animale può anche sentire un pericolo, sapere dove trovare l'acqua a chilometri di distanza. L'animale è continuamente collegato alle forze formatrici di cui la sua razza ha bisogno, ma non ha ancora ricevuto il "sé" individuale, o la libertà che gli permetta di allontanarsene. Per questo, l'osservazione dei regni che ci sono inferiori è così importante. Bisogna aggiungere qui che nutrendo male un animale, tradendolo nel suo istinto con aromi di sintesi, o facendogli mangiare "associazioni molecolari" che non gli si confanno, noi lo isoliamo dalle sue forze formatrici, generando indebolimenti lucrativi. Nel campo della salute tutto è globalità.

7. La globalità

È stata già detta un po' la stessa cosa parlando del mito di Dioniso nel primo capitolo. Anche gli Egizi hanno fatto riferimento a questa condizione terrestre parlandoci di Isis che, in lacrime, va in cerca sulla Terra di Osiris fatto a pezzi da Tifone. Tifone simboleggia la gravità. Anche qui si tratta dell'incarnazione nella materia, e quindi della separazione da un tutto energetico per l'azione delle leggi di gravità. Isis cerca dunque di ritrovare sulla Terra tutti i pezzi di un puzzle che a livello energetico componevano una bella immagine di nome Osiris. Lo si può raccontare così. Certo, è un puzzle stranamente complicato da decifrare. Ma è così che si deve indirizzare la ricerca in agricoltura e in viticoltura per fare un grande e vero vino.

Ora siamo in grado di porci le domande giuste riguardo ai nostri vigneti e alle nostre fattorie. Che cosa richiedono per esprimersi bene? Quali animali, quale paesaggio, quali essenze, quale biodinamica, quale vitigno, quale rilievo, quali orientamenti eccetera? In altri termini, quali sono le forze attive sottese a tutti questi criteri? Quanti giornalisti che detengono il potere dell'informazione sono interessati a trasmettere messaggi fondamentali ai consumatori? Ne hanno anche semplicemente la libertà? Torniamo qui alla posta in gioco, che è il controllo dei media, che è la scelta dei giornalisti per un settore o per un altro; torniamo, dunque, al loro "profilo di comprensione". È molto facile per un giornale apparire liberale affidando la completa responsabilità di un settore a qualcuno di cui si conoscano le scarse possibilità, o diciamo anche solo la scarsa creatività, per esplorarlo a fondo o per considerarlo in una prospettiva diversa. Gli stanziamenti pubblicitari rappresentano entrate irrinunciabili per molti giornali. Per fortuna, in questo campo, come in viticoltura e come in tutte le professioni, ci sono persone che non sono disponibili a barattare la coscienza con il comfort.

Quando si riscopre l'intensa organizzazione del sistema che dà vita alla Terra, si capisce che uno dei più grandi pericoli oggi in viticoltura e in agricoltura è quello della genetica e della spiegazione così semplicistica che essa fornisce del "gene cattivo", che ci si accinge a sostituire con un "gene buono". Nessuno cerca di capire perché il sistema energetico abbia agito in modo diverso in un caso e in un altro. Ci si attiene al fatto che, in nome del "bene", il gene cattivo deve essere soppresso. Non viene peraltro neppure presa in considerazione la reazione di un animale che risponde subito alla genetica con la leucemia o, se preferite, a una disorganizzazione con una disorganizzazione. Anzi, al contrario, ci si impegna a venire a capo della leucemia con la genetica.

La scienza della materia può progredire solo a condizione che il suo sapere sia ricollocato in un contesto più ampio di quello nel quale è stato rinchiuso ai giorni nostri; altrimenti questo sapere diventa drammaticamente pericoloso. E tuttavia lo si dovrà imparare, nel dolore se è necessario: solo la conoscenza delle complementarità legate a una definizione più globale delle leggi della vita sulla Terra può permettere di evitare quei terribili scivoloni che saranno riportati da tutti i libri di storia per illustrare gli immensi limiti di un sapere che ancora oggi è ritenuto così grande.

Solo capendo questo potrà esserci un vero progresso duraturo in agricoltura, e le leggi del mondo fisico potranno essere legate al circostante mondo delle energie. Questa via è aperta in agricoltura e si chiama biodinamica. Mostra i suoi risultati nel vino ogni giorno di più, e renderà ineludibile un diverso approccio agricolo, visto che ottiene risultati qualitativi innegabili e riconosciuti; e senza alcun effetto secondario. La biodinamica è straordinariamente redditizia se si tiene conto di tutti i parametri, compresi gli enormi costi per il sistema sanitario derivanti dalle deficienze alimentari.

Ed è forse paradossalmente quest'ultimo argomento a renderla, sotto il profilo economico, un nemico temibile. Perché quelli che vivono dell'attuale sistema di sovvenzioni e consulenze, o che ne traggono profitto, hanno dapprima chiamato la biodinamica «settaria», accusa nettamente confutata da un processo, nonché da giornalisti coraggiosi. Si è poi detto che la biodinamica era fatta «per i ricchi», mentre invece è utilizzata da molti piccoli viticoltori e nei Paesi in via di sviluppo. Si è detto ancora che era esoterica, visto che lavora con piccolissime quantità di materia. Se la biodinamica è esoterica, in quanto non sono spiegati sul piano fisico i suoi effetti, un telefono cellulare e un radar – che permette a un aereo di trovare il suo obiettivo a migliaia di chilometri – lo sono altrettanto.

Alcune persone dell'Inra – non tutte –, accanite nella loro critica, nonostante gli enormi debiti che continuano a causare per l'uomo e per la Terra, oggi dicono che la biodinamica è «oscurantista», rifiutando di capire che i loro strumenti semplicemente non hanno accesso a quei fenomeni energetici – che per loro quindi risultano non misurabili, inesistenti –, malgrado i risultati qualitativi che generano. Tutto quello che ha a che fare con gli effetti della biodinamica sarà legge; e non si tratterà questa volta della legge di Newton e della sua mela che cade – peccato, d'altra parte, che si sia limitato il suo contributo solo a questa mela, perché Newton ha parlato anche di principi inversi – ma, al contrario, di leggi solari che si possono conoscere in altro modo che con apparecchi adatti al solo mondo della materia. E a questo punto rendiamo ancora una volta omaggio a quei fisici, a volte molto disprezzati da quei colleghi che essi fanno vacillare, scoprendo che dietro al mondo fisico c'è un altro mondo che i loro detrattori ignorano totalmente. Il vuoto non è vuoto, continuano a ripetere, è pieno di altre cose. La scienza ha appena compiuto un grande passo avanti.

In ogni caso, per noi viticoltori e per voi appassionati del vino, conta solo il risultato e a oggi, per quanto ne so io, nessun viticoltore con l'agricoltura convenzionale può, senza una massiccia assistenza chimica e poi tecnologica, eguagliare la qualità dei vini ottenuti con questa agricoltura del futuro; e non potrà nemmeno avvicinarsi alla sua originalità, quando le cose siano state fatte bene. Abbiamo parlato di frequenze, di mondo delle energie, di sostrati della vita, di forze archetipiche. Tutte queste parole, poco comprese, sembrano un po' barbare di primo acchito. E con tutto questo, che cos'è in ultima analisi la biodinamica? Che cosa facciamo a casa nostra, concretamente, nelle nostre vigne? Quali sono le differenze sostanziali rispetto alle altre agricolture? È il momento di affrontare l'argomento.

8. La biodinamica in viticoltura

Bio vuole dire vita. Dinamica o dinamismo stanno a indicare una crescita, una accelerazione o, ancora, uno stimolo alla vita. Come si dinamizza la vita? In fondo, è molto semplice. Diciamo, prima di tutto, che da lungo tempo in natura esistono, almeno parzialmente, dei processi di dinamizzazione. Tutti sanno, per esempio, che un'acqua di sorgente, prima di essere immobilizzata in una bottiglia, è molto più attiva biologicamente grazie alla sua dinamica, vale a dire grazie ai movimenti ai quali è sottoposta circolando nel sottosuolo. Si può anche affermare che l'acqua piovana, che tutti riconoscono come più attiva per la crescita delle piante che non la semplice acqua del rubinetto, sia stata dinamizzata dall'atmosfera.

La biodinamica ha avuto inizio nel 1924, quando Rudolf Steiner, allora in Germania a Koberwitz, presso il conte e la contessa von Keyserling, decise di fornire indicazioni molto precise per migliorare la salute delle piante, il loro sapore e le loro qualità nutritive. Diede per questo consigli per l'elaborazione di preparati naturali molto specifici, al fine di migliorare i processi di vita di cui le piante hanno bisogno per esprimersi. Per fare questo, selezionò prima di tutto delle piante medicinali.

Quali sono queste piante? La camomilla, l'achillea, l'ortica, la corteccia di quercia, il tarassaco e la valeriana. Poi, per alcune di queste piante, Steiner selezionò degli organi di animali con i quali le piante creavano una sinergia, e all'interno dei quali consigliò di farle transitare per un certo tempo per rinforzare i loro effetti. Il tutto deve essere sotterrato, il più delle volte d'inverno – per una sola preparazione in estate – in base a condizioni piuttosto precise, per essere poi dissotterrato in primavera.

I preparati

Dobbiamo spiegare tutto questo in modo molto chiaro per non essere trattati da stregoni dai nostri detrattori, che sono sempre più virulenti di fronte al successo qualitativo che la biodinamica ottiene in viticoltura in un numero crescente di Paesi del mondo. Prendiamo un esempio concreto: tutti sanno che la camomilla ha un legame, o un effetto particolare, sulla digestione, e più in particolare sull'intestino. Sappiamo anche che l'animale appartiene a un regno più evoluto rispetto a quello delle piante. Le piante sono totalmente sottomesse all'organismo vivente che le circonda, e che è fatto dalla Terra, dal Sole, dal clima eccetera; ne sono totalmente dipendenti. L'animale, invece, ha un vantaggio: ha interiorizzato diversi organi che gli danno una certa autonomia rispetto al mondo esterno, e dunque un'autonomia per bere, mangiare o dormire là dove desidera. Si osserva già lo stesso movimento nella riproduzione delle cellule che avviene per invaginazione e non per stiramento, come nel regno vegetale. Alcune piante – le orchidee, in particolare – assumendo comportamenti o modi un po' animali, da insetti, per esempio, ci mostrano forse un primo tentativo per raggiungere uno stato a loro superiore.

Per capire più in dettaglio questa idea, è bene leggere attentamente i libri di Pelikan sulle piante medicinali di cui abbiamo già parlato. In ogni caso, tutti lo sanno, questo regno superiore che è il mondo animale ha effetti straordinari sulla crescita delle piante. Chi contesterebbe che il letame di un animale sia il migliore fattore di crescita? E il letame, che cos'è? Soltanto materia vegetale passata attraverso il sistema digestivo di un animale. Salvo, ovviamente, il caso in cui dei pazzi irresponsabili nei confronti della società, che non sanno nemmeno più capire la differenza qualitativa tra una proteina vegetale e una animale, consigliano di nutrire le vacche con della carne, fino al punto da renderle pazze.

Si può dire che il letame sia solo materia vegetale impregnata con le forze metaboliche di un animale. Tutti sanno, d'altronde, che nell'ambito della medicina si fa spesso ricorso a medicinali derivati dal regno animale. Queste spiegazioni, certo molto semplicistiche, possono comunque aiutarci a capire meglio la sinergia che può instaurarsi tra un organo animale e una pianta nella elaborazione di certi preparati raccomandati da Rudolf Steiner. Ho detto «molto semplicistiche» perché nella scelta delle piante, degli organi e degli animali selezionati c'è, in effetti, una conoscenza immensamente profonda delle forze archetipiche o dei sostrati vitali che si trovano riuniti in questi preparati.

E dunque, rinchiudendo la camomilla dentro a un intestino, le sue proprietà saranno rafforzate o esaltate. Non rimane allora che scegliere l'animale da cui prelevare l'intestino. Ci si può chiedere, a questo punto, qual è l'animale che ha raggiunto il maggiore sviluppo nel suo sistema digestivo, o qual è il più grande ruminante in Europa. È la vacca, naturalmente, che a giusto titolo è stata sacralizzata da molte civiltà antiche, come pure dalla cristianità. Si prende allora un intestino di vacca, lo si imbottisce di camomilla e lo si sotterra, in inverno. Giunta la primavera, si dissotterra questo preparato e se ne aggiungono piccolissime quantità a un mucchio di letame o a un piccolo quantitativo di sterco di vacca, che viene poi dinamizzato nell'acqua e sparso sul suolo in momenti precisi.

Il principio è questo. Il passaggio della pianta in un organo serve dunque a rafforzare o ad attivare un processo specifico. Certe piante sono utilizzate senza l'aiuto di un organo animale – l'ortica e la valeriana; altre vengono fatte passare in diversi organi. L'organo prescelto per l'achillea è la vescica di cervo, un animale che, gra-

Illustrazione XIX — Individuare lo stato di materia (il temperamento dominante) negli animali per la scelta del letame adatto alle nostre viti

Cavallo rampante, attratto verso l'alto dalle sue forze di calore. Dominante: forze di fruttificazione e di sapore

Capra: eretta sulle zampe posteriori mangia delle foglie. È legata al calore e alla luce (si adatta ai climi caldi e secchi molto poveri, come i deserti). Beve molto poco. Dominante: calore/luce. Le sue forze sono orientate verso il frutto e i fiori

Vacca. Dominante acquosa: forze orientate verso le foglie

Maiale. Dominante: forze di terra, gravità. Si nutre spesso di radici sotterranee. Le sue forze vanno verso le radici

zie alle sue corna, acquisisce una immensa sensibilità e compare in molti testi simbolici. Per il tarassaco ci si serve del mesentere di vacca, una sottile parete molto silicea che avvolge gli intestini dell'animale. La corteccia di quercia è passata nel cranio di un animale domestico, che serve da contenitore. Si vedrà dunque il calcio vegetale della corteccia di quercia (ne contiene il 77%) posto in sinergia con il calcio proveniente dal regno animale, il cranio.

Tutto questo può essere compreso con semplicità. Ci sono spiegazioni molto più profonde, e certamente ancora incomplete, che qui non sono necessarie. Qualora si parlasse della specificità di ogni organo e di ogni animale utilizzato per i preparati, tenendo anche conto dei sostrati vitali, tutto risulterebbe molto più complesso. Molte questioni fondate non potranno essere trattate in questa sede. Perché sotterrare in inverno o in estate, in profondità o in superficie? In un suolo asciutto o molto bagnato, in una terra fertile o fangosa? Perché una vacca e non un bue, un cervo piuttosto che un maiale? Eccetera. Diciamo semplicemente che niente è lasciato al caso e che ogni dettaglio ha la sua importanza per ottenere effetti precisi[1].

Con i preparati biodinamici si utilizzano sinergie che la natura mette gratuitamente a nostra disposizione e che bisogna sapere riconoscere per potersene servire. Ogni preparazione crea un "luogo d'accoglienza", un "focolaio microbico" per le forze specifiche di cui la pianta ha bisogno.

Questo libro ha per solo scopo l'aiutare gli appassionati del vino a capire perché la biodinamica abbia effetti reali sul miglioramento del sapore, sulla longevità eccetera.

Il corno della vacca

Dobbiamo ancora parlare di un organo molto prezioso che i nostri detrattori tentano di ridicolizzare: il corno della vacca. Lo si utilizza per due preparati.

Questo organo è per la vacca una immensa ricchezza. Il corno della vacca, contrariamente alle corna dei cervi che agiscono come antenne, è cavo. Serve in primo luogo, ci dice Steiner, a mantenere all'interno dell'animale correnti di forze che vorrebbero sfuggire, e ne sono impedite per la presenza delle corna e degli zoccoli. Il corno, dall'interno, agisce come un riflettore. Dall'esterno, partecipa al legame che l'animale ha con le forze solari ascensionali. Lo si può vedere nella rappresentazione della dea Hathor (vedi anche N. Joly, *Le vin*, cit.) che ci danno gli Egizi,

1. Chi desiderasse approfondire questo tipo di approccio, troverà i riferimenti in bibliografia (*nda*).

presentandoci la dea con una testa di vacca e un disco solare posto tra le corna. Così la vacca riesce a portare alta con naturalezza la sua testa pesante. Le corna sono dunque impregnate di un processo molto preciso, particolarmente interessante per i viticoltori, costantemente impegnati nella ricerca del sapore. Certo, ci sono scuole che consigliano oggi di tagliare le corna delle vacche, cosa che molti allevatori fanno in totale incoscienza. A che cosa servono le corna?

In tutta l'antichità il corno era percepito come fonte di ricchezze. Sono rappresentate sulle tele del passato le corna dette dell'abbondanza, dalle quali fuoriescono monete d'oro o altri oggetti preziosi, e nessuno si preoccupa più oggi di comprenderne la simbologia e le forze implicate. In Danimarca si vendono ancora delle corna, abilmente intarsiate d'argento, per metterci il vino o l'acqua; ultimo vestigio dei tempi passati. Per avvisare che ci si poteva accomodare a tavola, si diceva «l'acqua è cornata». Sì, si metteva in vibrazione l'acqua con le frequenze che il corno capta e mantiene per diversi anni dopo essere stato prelevato, e la si beveva consapevoli dei suoi effetti salutari. In Georgia si trovano ancora delle belle corna di vacca intarsiate d'argento, o delle corna d'argilla prodotte per bere il vino nelle ricorrenze.

Nel quadro delle preparazioni in biodinamica, le corna sono riempite di sterco di vacca e si mettono sotto terra in inverno, in un luogo scelto con cura. Se accanto a una di queste corna si mette sotto terra lo stesso sterco in un vasetto di terracotta, e poi in primavera, quando li si dissotterra, si fa analizzare la vita organica presente in ciascuno dei due campioni, si scopre che lo sterco nel corno contiene un'attività batteriologica settanta volte superiore rispetto all'altro. Ancora una volta si verifica che, con una giusta comprensione della vita che ci circonda, si possono mobilizzare forze straordinarie, che le nostre piante apprezzano moltissimo. In genere, non si utilizza che il contenuto di un corno o due per ettaro, ossia 100 o 150 grammi, forse, di sterco.

Come spandere così poca materia su un intero ettaro? È molto semplice. Diciamo, senza entrare nei dettagli, che si dinamizza questa materia in sessanta, settanta litri di acqua appena tiepida per un'ora.

In che cosa consiste la dinamizzazione? È solo un mulinello, una spirale, un potente vortice che si crea con l'aiuto di una scopa, se lo si fa a mano, o con l'aiuto di un dinamizzatore, se lo si fa con una macchina. Quando, in meno di un minuto, il mulinello raggiunge quasi il fondo del recipiente, si inverte il movimento piuttosto bruscamente, e così via. L'improvvisa inversione crea quello che chiamiamo un caos, che è essenziale e che richiede qualche spiegazione.

Abbiamo parlato dell'"8", che non è che un cerchio al quale è stata impressa una torsione. Tale torsione inverte il senso di rotazione delle energie, nella metà inferiore dell'8. In alto l'energia gira da destra verso sinistra, in basso da sinistra verso destra. Il cambiamento passa attraverso un punto in cui i due cerchi dell'8 si toccano. Ecco il caos indispensabile. In questo preciso stadio non si è più nel mondo delle energie e non si è ancora nel mondo

Vendita di corna da vino in un mercato della Georgia

fisico. Questo “tra due mondi” è il caos. È il caos che fa piangere il bambino alla sua nascita, e che senza dubbio smarrisce momentaneamente l’uomo alla sua morte. La brusca inversione che alcuni dinamizzatori trascurano è importante per la discesa delle forze di cui la biodinamica si serve. È il disordine che richiede un ordine sottomesso a nuove leggi, quelle della Terra. Si può d’altronde fare un parallelo con i labirinti, di cui poco si è parlato. I labirinti, con i loro molteplici meandri, ci disorganizzano, in un primo tempo. Ci fanno “perdere la bussola”, cosa che permette allora alle forze nobili, che i costruttori sapevano evocare, di meglio impregnarci. Lo si osserva anche nella vita quotidiana, in fin dei conti: un dramma, con il caos che crea, genera a volte un’apertura, un cambiamento totale di rotta e la nascita di qualcos’altro. È il senso della vita, e anche degli errori.

Per tornare alle nostre dinamizzazioni, si può semplicemente dire che questo energico rimescolamento permette alle proprietà del corno di passare nell’acqua, che verrà poi sparsa sul suolo. Si può anche dire che le forze latenti celate dietro la vita visibile del piano fisico, si manifestano spesso sotto forma di spirale. Lo si può vedere nel bocciolo della rosa, formidabile spirale che si apre; nella organizzazione dei semi di un fiore di girasole; nella disposizione delle gemme intorno allo stelo di un certo numero di piante, tra le quali la rosa; lo si vede anche un poco nelle rose che fanno i peli degli animali o i capelli sulla testa dell’uomo; si vedono su certi menhir, sui quali sono scolpite delle spirali – e questo ci mostra quanto l’uomo di un tempo ne avesse coscienza; ma si vedono anche nelle conchiglie, nei cicloni, nelle galassie... Insomma, le spirali sono visibili ovunque intorno a noi se solo ci facciamo attenzione.

Il Cnrs sta attualmente portando avanti delle ricerche sulle spirali. Il libro di Théodore Schwenk, *Le chaos sensibile*[2], ce ne mostra numerose illustrazioni. Che cosa rappresentano, in

2. Théodore Schwenk, *Le chaos sensible*, Triades, Genève 1990.

Illustrazione XX — Un macrocosmo diventa microcosmo.
Un mondo diffuso periferico si concentra in un punto. La non-materia, il principio, diventa materia. Incarnazione della vita.
Fonte di sapore, di colore, di struttura, di equilibrio in un vino.
Migliore potenziale di invecchiamento.

(da Rudolf Kutzli, *Il creativo disegno di forme*, Natura e Cultura, Alassio 2006)

fondo? Semplicemente un macrocosmo che diventa un microcosmo, una periferia che diventa un centro, l'intangibile che diventa un punto (il centro della spirale) e dunque materia. La spirale genera l'incarnazione quando è orientata nel senso delle lancette dell'orologio, e genera la disincarnazione nel senso inverso, se ci si trova nell'emisfero nord.

Molti estimatori del vino, d'altronde, lo sanno istintivamente, quando fanno girare il vino nel loro bicchiere da destra verso sinistra, come per meglio estrarne il profumo. Come ci dovremmo comportare nell'emisfero sud? O, in teoria, basterebbe farlo girare in senso opposto (in senso antiorario: si disfa, dunque, quello che è fatto) per aprirlo?

Utilizzo e proprietà dei preparati biodinamici

Si spande questo preparato di sera sul suolo, quando il sole calante attira l'atmosfera verso il grembo della Terra creando della rugiada. Per comprendere la sua azione bisogna semplicemente rendersi conto che ogni goccia di questo prodotto è un vettore di vita – in primo luogo microbica – che va ad animare il suolo, aiutandolo a sviluppare la micorriza di cui abbiamo parlato in precedenza. Ricordate: più la vita microbica è intensa, più le radici delle viti potranno cogliere tutti gli aspetti geologici del suolo. Vengono dunque apportati al suolo dei processi di vita che cominciano con la genesi di microrganismi di ogni sorta, che sono stati "attivati" dal passaggio in un corno, sottoterra, in inverno. In questo modo, il corno agisce come un vivaio di vita dei microrganismi per lo sterco che contiene.

Ogni preparato in biodinamica è vettore di una informazione spesso differente. Poi, si insemina il suolo con tutti questi processi modificati grazie a una dinamizzazione. Si sollecita quindi il suolo a produrre processi di vita che non si svilupperanno che se il terreno è "recettore" o, se preferite, se l'ambiente è accogliente. Perché funzioni, bisogna che il terreno non contenga quei terribili veleni che causano sempre più mortalità nell'uomo, e che vengono ancora consigliati in agricoltura sotto forma di diserbanti, di trattamenti eccetera. Non si può, da una parte, immettere un processo di vita e, dall'altra, immettere un processo di morte sperando di ottenere dei risultati qualitativi. Il problema permane anche se oggi si tenta di utilizzare molecole meno tossiche o meno molecole tossiche (agricoltura cosiddetta «ragionata»); queste molecole sono sempre delle "note false", degli impedimenti se preferite, degli ostacoli alla piena espressione di un sistema che il nostro mondo scientifico ignora. Bisogna dunque scegliere un'agricoltura o l'altra e non mescolare le due per ottenere dei risultati.

La proprietà altamente fertilizzante delle corna – che sono vendute sotto forma di scaglie o di polvere in quasi tutte le cooperative agricole – è conosciuta fin dalla notte dei tempi. Diciamo, per inciso, che i trattamenti che di recente queste corna devono subire – a causa dei deficit di conoscenza, sempre molto attuali, in relazione al problema della mucca pazza – le rendono molto meno efficaci. È interessante constatare che in Francia, spesso, quando un prodotto naturale ha un effetto significativo si trova il pretesto – sempre "a fin di bene" – per sminuire le sue qualità. Lo abbiamo visto con il divieto di rimborso delle medicine omeopatiche utilizzate dalla notte dei tempi e che in altri Paesi continuano a essere accettate.

Illustrazione XXI — Spirale celtica

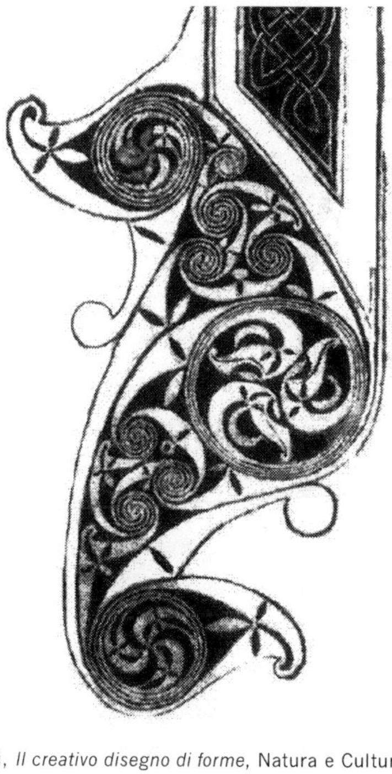

(da Rudolf Kutzli, *Il creativo disegno di forme*, Natura e Cultura, Alassio 2006)

In ultima analisi, la sola differenza, certo importante, fra i trucioli di corna e il preparato biodinamico è che in biodinamica si utilizza il corno come contenitore per lo sterco di vacca, anziché come materia da spandere. Lo sterco che si mette dentro a un corno si impregna durante l'inverno delle forze, o dinamismi, del corno e del suolo. In queste condizioni, un corno rimane attivo da tre a quattro anni. Il corno serve per l'elaborazione anche di un altro preparato: invece di riempirlo di sterco, questa volta lo si riempie di quarzo, vale a dire di silice, in polvere finissima. La Terra, nostro pianeta, contiene molta silice che – ci dice Steiner – svolge un ruolo importante nell'equilibrio della natura, anche se pare inerte. La silice agisce come legame, come raccordo, come una sorta di antenna ricettrice rispetto a talune forze che emanano dal sistema solare. Quale scienziato potrebbe dire oggi che cosa sarebbe la Terra se fosse isolata dal sistema solare e non dal Sole soltanto?

Per questo preparato, si riempie il corno di polvere di quarzo e lo si sotterra, questa volta in estate. La polvere che si estrae poi dal corno è carica di energie, di frequenze o informazioni molto precise. Il termine informazione può fare paura a qualcuno, e tuttavia tutti sanno ormai che il quarzo e la silice sono utilizzati in informatica come vettori di informazioni, o che possono anche essere "caricati" per fare funzionare gli orologi e altri apparecchi. Nel nostro caso specifico, la "carica" o "informazione" è data dalla natura per il tramite del corno e del terreno nel quale il corno è stato interrato, questa volta in estate visto che il preparato è destinato alle foglie e alla fotosintesi. Semplice, non è vero?

Per l'utilizzo di questa preparazione ci si contenterà di quantità infinitesimali, qualche grammo appena per ettaro. Quando si parla di frequenze non si parla di pesi, non avrebbe alcun senso. In biodinamica non si opera nel modo più assoluto sul piano quantitativo. Lo stesso avviene, come sapete bene, nel campo dell'energia. Le vostre conversazioni al telefono cellulare non sono tariffate secondo il peso delle onde... 2 grammi per Parigi e

100 grammi per New York. Non ricevete le trasmissioni televisive a peso, e tuttavia ne vedete gli effetti visuali. Quando accendete la radio captate trasmissioni diverse sintonizzandovi su frequenze specifiche. Tutto questo vi pare normale perché ci siete abituati. Ma dovete pensare che la discesa della vita sulla Terra, che diventa visibile grazie ai suoi effetti sulla materia a partire dalla primavera, risponde a leggi in qualche misura simili. Questo significa che cercare di capire l'essenza della vita di una pianta dentro la pianta stessa, è così sciocco come voler cercare il giornalista di un telegiornale dentro il televisore. Lui non è lì. La pianta e il seme non sono che recettori, connessioni con un vasto sistema che bisogna tornare a comprendere per servirsene nel modo giusto.

I geni, come si è detto, non sono che intermediari che obbediscono servilmente agli ordini ricevuti. Le preparazioni biodinamiche agiscono un po' da raccordo. Mobilizzano, attivano processi precisi che la pianta oggi recepisce meno bene a causa dei disordini che abbiamo introdotto nei suoli, ma anche nell'atmosfera, soprattutto sotto il profilo energetico. Fino a oggi, dal punto di vista dell'energia, l'atmosfera è stata considerata come una pattumiera. Si parla soltanto della dimensione fisica. Eppure, un certo numero di armi mantenute segrete si basa su una eccellente conoscenza della dimensione energetica. Ancora oggi si ha il diritto di diffondere nell'atmosfera qualsiasi frequenza, dalla più elevata alla più bassa, senza preoccuparsi dei suoi effetti immediati sulla vita. Non viene deliberato nessuno stanziamento serio che possa portare a conclusioni che risulterebbero forse pesantemente antieconomiche e, anche se ciò avvenisse, lobby estremamente organizzate si attiverebbero per orientare le ricerche in senso tale da escludere conclusioni "sfavorevoli". I nostri governi sembrano essere giocattoli al cospetto di queste organizzazioni. È importante dire tutto questo per rispetto verso le generazioni future.

In ultima analisi, ogni preparato biodinamico è portatore di un preciso processo a livello energetico. Agisce un po' come un captatore, o come un vettore. La genialità dell'agricoltura biodinamica consiste nel fatto che essa veicola un'informazione a livello energetico fino al sistema invisibile, ma molto reale, che si mobilita per dare vita alla Terra e a ogni pianta. Lo stimola e lo orienta. Agisce prima che la vita diventi materia. Tutto questo apparirà molto normale tra qualche decennio.

Una informazione viene dunque veicolata, sul piano energetico, dal quarzo via corno e via suolo dell'estate. In seguito, se ne mettono pochi grammi nell'acqua, si dinamizza per un'ora e si spande al mattino presto; questa volta sulle foglie, e non sul suolo dove l'effetto sarebbe indesiderabile. Lo si fa al mattino presto perché questo è il momento in cui il Sole ascendente agisce come una primavera: attrae la linfa nell'aria, connette la pianta ai mondi di sopra. Che cosa si fa, in fin dei conti, con questo preparato? Si agisce, grazie al quarzo, sulla luminosità dell'aria. Usando i termini odierni, un po' tristi, si potrebbe dire che "si invia una infoluce", cioè si attiva la fotosintesi. E al contempo, se si sceglie bene il momento, si rinforza il legame con le forze che conferiscono il gusto. Si tratta di un preparato immensamente potente. Può anche aiutare la vite a espellere un eccesso d'acqua, ed è efficace come formidabile anticrittogamico. Non entreremo qui nei dettagli. Ricordiamo comunque che oggi conviene utilizzare questo preparato con prudenza, dato che l'atmosfera odierna non è più assolutamente quella che regnava nel 1924, quando Rudolf Steiner tenne il suo corso agli agricoltori, presso il conte e la contessa von Keyserling.

Ecco, ora sapete abbastanza della biodinamica per comprenderne i principi, per capire come agisce o come, se preferite, si accontenta di connettere la vita a processi che la natura ha predisposto fin dalla notte dei tempi, e che dalla biodinamica vengono semplicemente attivati. Con la biodinamica non sono introdotti nell'atmosfera dei campi di frequenze per poi servirsene, come si fa per un telefono cellulare. Ci si accontenta di servirsi di quelli che la natura ha predisposto per generare la vita sulla Terra, e di attivarli.

Riassumendo, i preparati a base di piante sono introdotti in piccolissime quantità nel letame o in pochi chili di sterco, e agiscono come catalizzatori di processi di cui la pianta ha bisogno per esprimersi al meglio sul piano fisico: processo di potassio, calcio, ferro, silicio, fosforo, come anche processo di fruttificazione, che arresta dunque la crescita delle foglie e dei rami permettendo lo sviluppo del frutto... Non entreremo qui nel dettaglio. Ci si può avvicinare a capire questi preparati dicendo che, mettendoli in un mucchio di letame, agiscono un po' come organi nel corpo di un animale, ciascuno preposto a un ruolo preciso.

Nel concreto, grazie a microfaune ogni volta diverse e molto specifiche, i preparati biodinamici rinforzeranno nel suolo e nella pianta delle funzioni precise. Se sono stati messi dentro a del letame, quest'ultimo sarà sparso in autunno, preferibilmente incorporandolo con il suolo. Se i preparati sono messi in piccole quantità di sterco, lo stesso sarà dinamizzato per essere poi distribuito sul suolo.

L'autunno è il momento ideale per queste operazioni. Il suolo, in questo periodo in cui il Sole, divenuto ascendente sull'emisfero sud, attrae tutto verso il basso nell'emisfero nord, è a quel punto pronto a "ricevere" o ad accogliere in sé gli stimoli che gli sono offerti. Più tardi, nel cuore dell'inverno, quando il freddo agisce, la Terra si cristallizza e si mette, grazie ai suoi cristalli, un poco all'ascolto di un mondo lontano. È il momento, questo, in cui la Terra è meno attiva, il momento in cui si ispira, più che riposarsi. Il tempo dell'inverno è molto prezioso, perché tutto avviene al di là del piano fisico che pare addormentato. È il tempo in cui la vita, sciolta in parte dal suo legame con la materia, è presente solo in forma di energia. È il momento, ci dice Steiner, in cui solo con il nostro pensiero possiamo metterci in ascolto delle nostre terre, delle nostre viti, per armonizzarle. Quale contadino non faceva queste cose, un tempo, nelle veglie in cui, a turno, ci si recava da questo o quel vicino? Si ascoltava, si pensava, si capiva diversamente che con la sola intelligenza. Se si approfondiscono queste considerazioni un po' meditative, si trova un campo di possibilità quasi vergine che l'uomo può cominciare a tentare di sviluppare, se lo desidera. Con quello che si chiama "pollice verde" si possiede questa facoltà a livello inconsapevole. Riflettendoci, l'uomo può, senza dubbio, tentare coscientemente di riconquistare queste attitudini.

Funzioni specifiche dei preparati con il corno di vacca

I due preparati realizzati con il corno hanno funzioni molto diverse rispetto agli altri. Quello a base di sterco agisce come vettore di crescita a partire dal suolo. Mobilizza la vita del suolo e la lega alle radici della vite, grazie alla sua intensa vita microbica. Aiuta quindi la vite a ricostruire il suo corpo fisico di cui non si lasciano, dopo la potatura, che il ceppo e poche gemme del legno dell'anno precedente. Bisogna dunque spandere il preparato all'inizio della primavera, quando le gemme sono sul punto di erompere.

Il preparato a base di quarzo agisce grazie alla luce, e ha dunque effetti differenti a seconda del periodo in cui lo si somministra. Questo perché la vite non fa le stesse cose in primavera e in autunno. In poche parole, questo preparato accompagna la vite nel suo lavoro quotidiano. In primavera, quando la vite è in piena crescita e crea della materia per fare nascere i tralci e le foglie, il corno-silice la aiuta, ma questa volta dall'alto, ossia grazie alla fotosintesi. Somministrato diverse settimane dopo il solstizio d'estate, quando i giorni cominciano ad accorciarsi, nel momento in cui la vite è interamente impegnata a fare maturare l'uva, il corno-silice la aiuterà a meglio generare degli zuccheri e dei sapori grazie alla luminosità portata dall'aria. È la luminosità, infatti, il calore attraverso l'aria, che veicola le forze venute dal mondo solare, che generano gusto, odori e profumi.

Ora forse capite meglio: non si tratta soltanto di applicare la biodinamica per avere un buon vino, ma di capire quello che si fa. La conoscenza che si ha dei preparati, del luogo, della vitalità delle viti, del vitigno, delle forze di crescita che il suolo contiene, del profilo climatico dell'anno, aiuta il viticoltore a prendere correttamente le sue decisioni. In funzione di tutto ciò, si potrà utilizzare più o meno di ciascun preparato fatto con il corno di vacca, per ottenere una vite più o meno presente sul piano fisico o, se preferite, più o meno impegnata nella sua forza dionisiaca di combattimento. A un estremo, si può avere una grande vite dalle foglie ben lucenti, le cui forze di fruttificazione e di sapore sono sminuite proprio da questa esuberanza. All'altro estremo, si potrà avere una vite piuttosto piccola, dai tralci più sottili, il cui vino dimostrerà una straordinaria bellezza. Esuberanza e fruttificazione sono un po' contrapposte. Questi due estremi si vedono di frequente, anche se in modo non così netto.

Restituire all'agricoltore la possibilità di essere creativo

La biodinamica è la prima agricoltura, da qualche secolo almeno, che restituisce all'agricoltore una possibilità di agire sul comportamento delle sue piante in altro modo che sul piano fisico, il quale offre solo possibilità limitate. Quando ci si comincia a chiedere come aiutare una vite a esprimersi pienamente, è come se si avesse una folgorazione artistica. Le scelte possono essere molteplici. Si possono rafforzare i suoi legami con talune precise funzioni, alle quali la vite oggi non ha che un accesso affievolito: il processo silice, per esempio. Perché parlare di più o meno accesso? Semplicemente perché il terreno di ieri non è più quello di oggi. Anche il terreno invecchia; non ha più la formidabile capacità di crescita che aveva alcuni millenni orsono, quando sviluppava alberi immensi – osservate lo spessore degli strati di carbone – o animali enormi. E poi, e soprattutto, perché i nostri progressi sul piano fisico sono spesso disastrosi sul piano energetico. Oggi si comincia appena a studiare questo aspetto. Ma, come è stato detto ripetutamente – e senza alcuna accentuazione politica, visto che l'ecologia non può essere politicizzata – un lobbismo potente tenterà di costringere questi studi al silenzio il più a lungo possibile.

Il lato buono della questione, visto che ce n'è pur sempre uno, è che tutto ciò offre ai viticoltori e ai contadini autentici straordinarie opportunità qualitative, alle quali un numero sempre crescente di consumatori nel mondo intero è sensibile. Con la biodinamica si può, in uno stesso luogo, fare un vino più o meno luminoso, più o meno terrestre, più o meno floreale... Non è forse anche il ruolo del viticoltore – la cui situazione economica da due decenni è privilegiata, rispetto a quella degli agricoltori – dimostrare, grazie alle sfumature, quello che il suo vino contiene? E dimostrare altresì che si potrebbero trovare le stesse raffinatezze, degne di diventare delle denominazioni, anche in un certo latte, in una certa verdura o in un certo frutto? Si invoglierà così il consumatore a estendere il suo entusiasmo all'acquisto di derrate alimentari saggiamente scelte e piene di tutti i sapori originali che le forze della Terra conferiscono quando ci si pone correttamente in rapporto con esse.

Il viticoltore potrà dare prova di una certa creatività, se lo desidera, e ricorrere ad altri atti che non sarà nemmeno il caso di mantenere segreti. Si possono spargere sulla vite tisane di piante, per aiutarla a compiere il suo lavoro, se le condizioni climatiche diventano difficili. La vite è un essere vivente. Si crede che compia tutto il suo lavoro automaticamente, ma non è affatto così. Creare dello zucchero in un grappolo d'uva è un lavoro complesso. Si può dunque creare uno stimolo alla generazione di zuccheri grazie al sapore zuccherino di una tisana di cinorrodo di rosa canina qualche settimana prima della vendemmia. Si può proteggere la vite dalle aggressioni di un Sole reso acido dai nostri atti irresponsabili, preparando una tisana di goemone, di aloe oppure una dinamizzazione di argilla. Questi interventi non avvelenano la vite come fanno i prodotti chimici di sintesi, fintanto che ci si limita alla sola dimensione fisica. È grazie a delle reazioni – simpatia, antipatia – della vite stessa che le tisane avranno degli effetti.

Ci si potrà chiedere anche quale animale sia più appropriato per il luogo in cui ci si trova, visto che anche l'animale svolgerà un ruolo quasi di organo o di antenna in quell'"organismo vivente" che un'azienda agricola deve essere. Ogni animale, e in modo più diretto con il suo letame e la sua presenza, avrà un effetto sul gusto del vino. Inoltre, essendo sottomesso ai quattro stati della materia, a seconda della sua dominante agirà maggiormente sulle radici, sulle foglie, sulla fioritura o sulla fruttificazione. Sotto questo punto di vista, il letame di cavallo conferisce al vino un gusto migliore che non quello di maiale. Bisogna diventarne consapevoli e tentare di riscoprire tutte queste sinergie per disporre in un insieme armonioso le diverse componenti della vita.

Capire per agire in modo diverso

Uno dei messaggi importanti che Steiner ci dà con la biodinamica, è che questa non agisce "contro" una malattia ma "per" un equilibrio che, in quanto tale, rende il ruolo dei vettori della malattia poco efficaci. È questo concetto di organismo agricolo a essere importante. Così, bisogna forse saper sacrificare un po' di vigna a Doc per lasciare spazio a un campo, a un bosco, a un gerbido, a un albero almeno. Ogni profilo di vita, ogni specie vegetale o animale, accoglierà una fauna differente che, per il tramite di uccelli, insetti, microbi... interagirà con la vita dei suoli e con la micorriza di cui la vite ha tanto bisogno per esprimere appieno il suo terroir. Ogni gesto non si accontenta di arginare le pressioni delle malattie, ma lega più intensamente a quel sistema così complesso che dà la bellezza, gli odori, i colori e anche la salute.

Esisterebbe il pericolo della diffusione dell'influenza aviaria, se gli uccelli non fossero allevati a dieci o venti per metro quadrato? C'è un solo addetto ai servizi veterinari che abbia avuto il coraggio di dirlo? E se qualcuno lo facesse, non rischierebbe di perdere il posto di lavoro? Nell'ambito della salute degli animali, l'insegnamento non ha forse oggi raggiunto un autentico parossismo di materialismo e di aridità intellettuale? Guardate tutte queste giovani mucche ingozzate di insilati – alte rese di latte, unico imperativo – che bisogna abbattere prima dei sette anni per nascondere la cirrosi che le renderebbe invendibili. E che dire di tutte quelle proteine animali che si continua a propinare loro, riscaldandole fino a 600°C per evitare – provvisoriamente – alla mucca un vettore di pazzia, ostinandosi a non capire che le proteine animali e quelle vegetali sono qualitativamente differenti, e che la vacca non è un carnivoro. La scrapia (detta anche malattia del trotto) delle pecore, la peste suina... la lista è lunga e costosa, molto costosa. Questi costi non si trasformano forse in motivazione? Tutto questo evidenzia, insomma, lo smisurato fallimento di un sistema di insegnamento che ha smarrito il sapere, limitandosi all'infinitamente piccolo.

Ci si è tanto inoltrati nell'errore che, in quanto contribuenti, abbiamo il diritto di chiederci se con queste istituzioni – come i servizi veterinari che non si oppongono mai a pratiche irresponsabili di allevamento intensivo – non abbiamo di fronte la prova di una complicità nell'errore che, causa l'eccessivo uso di antibiotici, non ha ancora messo in luce le innumerevoli conseguenze sull'uomo di tutti questi atti pressoché barbari. L'insegnamento che è stato imposto è talmente rigido che certi membri di questa categoria professionale – ci sono sempre le eccezioni, fortunatamente – assumono spesso le vesti di inconsapevoli torturatori che continuano ad accanirsi sui sintomi con ogni sorta di medicinali o di vaccini, dai gravi effetti secondari, senza mai curare la causa. Quando avranno il coraggio, la coscienza di dire che quindici galline per metro quadrato sono troppe, che un maiale in due metri quadrati è una vergogna? Perché, in veste di veterinari al servizio del mondo animale – e dell'uomo che se ne nutre – non impongono norme di allevamento scientifiche decenti? Quali meccanismi nascosti mettono in opera i responsabili di queste strutture così costose e così perniciose? Presto, quando tutto il sistema che dà vita in modo naturale alla Terra sarà distrutto, pretenderanno magari che è solo grazie a loro se siamo ancora in vita. Sono quegli stessi che hanno imposto contro la larva della *Hypoderma bovis* – un semplice tafano che punge la pelle – un trattamento insetticida pericoloso e invasivo, che voi mangiate senza saperlo assieme alla carne. Il pretesto è stato che la pelle avrebbe perso meno del suo valore senza quelle punture di insetto (sic!). Aggiungiamo, perché bisogna essere onesti, che in questo preciso caso, grazie all'intervento coraggioso del prefetto, uomo illuminato e umanista, gli agricoltori bio di un dipartimento hanno ottenuto una deroga rispetto a questa legge assurda, imposta per via indiretta da potenti lobby.

La nuova mania – che astutamente è stata affidata ai servizi veterinari – è il chip elettronico che si impianta nell'animale, imponendogli così il legame a un ritmo che non è il suo, ovviamente, e che in tal modo lo isola dal sistema ritmico che gli assicura una buona salute. In fin dei conti, gli si impianta un minicomputer. Il pretesto commerciale, dietro a quello che è ancora presentato come un progresso, sta nel dire che in questo modo nessun animale potrà essere rubato. La verità è che, se anche lo fosse, sarebbe facile individuare il chip e asportarlo. E poi, si tratta pur sempre di un nuovo mercato parecchio lucrativo. Gli esempi di derive simili sono, ahimè, troppo numerosi per non reagire. L'*Appello di Parigi*[3], una petizione presentata ai servizi pubblici dai grandi cancerologi – stupefatti per il numero crescente di bambini che arrivano nei

3. Appello internazionale lanciato dai cancerologi il 7 maggio 2004, in relazione ai rischi di cancro da inquinamento ambientale.

loro reparti – e da altre grandi personalità, indica un mezzo corretto ed efficace per limitare tutti questi abusi.

Il problema è lo stesso in viticoltura, in agricoltura e nell'allevamento: bisogna curare la causa o l'effetto? Cos'è che chiamiamo salute? Scegliendo sempre di agire unicamente sui soli effetti di pratiche assurde, non si otterranno mai progressi sostanziali, ossia un'alimentazione portatrice di salute. È forse necessario un processo, per dimostrare che il virus dell'influenza aviaria, che fa vendere senza dubbio più di un miliardo di dosi di vaccino, esiste già da molto tempo? Che gli uccelli ne sono portatori da decenni, e non ne muoiono che di rado? Che il suo ruolo è, in buona sostanza, di diventare *pericoloso quando le condizioni di allevamento imposte dall'uomo sono folli*?[4]

Chiedo scusa per essermi discostato dall'argomento vino; ma, per tentare di evitare questi drammi che continuano a moltiplicarsi a velocità oggi esponenziale, è necessario mettere in guardia il consumatore: si tratta, anzi, di un dovere civico. Il consumatore è, di fatto, al centro di tutto, poiché queste derive hanno uno scopo essenzialmente lucrativo. Conviene dunque informarlo, sulla sostanza piuttosto che sugli aspetti formali. Se cambia il suo comportamento negli acquisti, le strategie e gli intrallazzi sono vanificati in un attimo. Questo riguarda anche il bio, dove si possono vedere galline (in ogni caso, fino a sei per metro quadrato) del tutto sfinite.

Infine, dobbiamo ancora parlare un poco del sistema che dà la vita e la salute, cui abbiano già fatto numerosi accenni. Mi riferisco al sistema solare. Che cos'è per la Terra? Perché la Terra appartiene al sistema solare? Che cosa sarebbe la Terra se questo sistema non ci fosse?

4. Vedi Alain-G. Rose-Rosette, Marc Vercoutère, *La crise aviaire. La culture du mensonge*, Éditions François-Xavier de Guibert, Paris 2007.

9. Il sistema solare e stellare, i suoi effetti sulla Terra

Nella nostra vita di tutti i giorni siamo maggiormente coscienti del legame che abbiamo con il Sole che non di quello che ci lega alla globalità di un sistema solare di cui tutti i pianeti e la Terra fanno parte. Questa nostra consapevolezza del Sole si acuisce con la sua assenza, di cui patiamo subito come di una mancanza crudele, mentre la sua presenza ci rende presto indolenti. Oltre che al Sole, siamo a volte attenti alla Luna, che quando è piena e arancione sa suscitare la nostra meraviglia. Ecco: per molti di noi il sistema solare si limita a essere più o meno questo.

In realtà, quando si parla di un sistema bisogna innanzitutto capire che tutti i suoi componenti interagiscono tra loro, come in un organismo vivente nel quale ogni organo contribuisce, per parte sua e con la sua originalità, a un'opera globale che in qualche misura lo trascende. È dunque grazie a una sorta di sinergia che ciascuno dei componenti del sistema solare, pianeti inclusi, agisce sulla Terra, e che la Terra, in cambio, agisce su ciascuno di essi. Una équipe di studiosi scandinavi ha notato che ogni esplosione nucleare sulla Terra ha dato luogo, cento giorni dopo, credo, a segnali precisi sul Sole. Ecco quello che dobbiamo riscoprire per il futuro, ed è incoraggiante constatare che questo lavoro è già avviato.

Per rassicurare le nostre menti cartesiane dobbiamo prima domandarci come tali influenze possano farsi sentire sulla Terra, e in quale modo. Di primo acchito, ognuno di noi direbbe che un qualcosa situato a milioni di chilometri di distanza non può davvero influire sul nostro ambiente fisico, o su noi stessi, in misura sensibile. Proprio qui sta il problema: l'uomo, ancora una volta, si fa prendere in trappola dal limite del mondo fisico che gli impongono i suoi sensi. Effettivamente, in questo libro si è costantemente richiamata l'attenzione sul fatto che le forze che costituiscono la vita non appartengono alla materia, ma a un mondo di energie complesso e organizzato, fatto di frequenze e di lunghezze d'onda di ogni sorta, che sono ormai in via di identificazione da parte di un certo numero di scienziati. Non è forse grazie a questo mondo di energie che siamo capaci, stando sulla Terra, di dare ordini a un robot che, collocato su Marte o su un satellite di Saturno, li esegue alcuni secondi dopo?

Allo stesso modo, come abbiamo già detto, il Sole agisce sulla nostra buona Terra con lunghezze d'onda diverse. Non siamo forse interamente legati al Sole, condividendo uno stesso sistema di energie? E allora, perché rifiutare una tale opzione agli altri componenti del sistema solare, o al più lontano sistema stellare chiamato zodiaco? Ricordiamoci, ancora una volta, che i nostri sensi non percepiscono che una piccolissima parte di ciò che esiste e di ciò che ci circonda.

Bisogna anche essere consapevoli del fatto che è soltanto grazie a forze di energia che gli atomi si aggregano tra loro, permettendo così alla materia di apparire e di farsi accessibile ai nostri sensi, pur rimanendo integralmente costituita da un mondo vibratorio di cui noi non percepiamo l'incessante agitarsi. Le cellule si aggregano tra loro seguendo le informazioni che ricevono; l'osservazione di tutte le mutazioni in embriologia, di cui abbiamo già parlato è, sotto questo profilo, uno studio straordinariamente interessante. Steiner vi ha dedicato un libro, e vi fa spesso riferimento in medicina per individuare le connessioni segrete che esistono tra organi che non hanno, apparentemente, rapporto diretto tra loro. È questa la medicina del domani.

Tutta la Terra, fino ai suoi più minuscoli recessi, è in effetti bombardata in permanenza da forze di vita e da ogni sorta di frequenze e di lunghezze d'onda cosmiche, di cui si conosce poco o per nulla l'origine. Ne conosciamo l'esistenza, ma non ancora il significato. Addirittura, nell'ambito di un vasto programma di finanziamento internazionale – nel quale credo sia coinvolta l'Università di Berkeley – sono state costruite antenne e parabole di ricezione ultrapotenti per cercare di decifrare un linguaggio, una coerenza. Il solo errore è stato di imporvi i nostri riferimenti terrestri, senza capire i background energetici che tale coerenza determinano. Quello che sarebbe stato necessario fare è uno studio sulla coerenza delle onde.

Visione macroscopica

Quando ci si accosta alla vita in altro modo che non attraverso l'infinitamente piccolo, ci si inoltra nel campo di un sapere completamente differente, che si potrebbe così riassumere: tutto ciò che è vivo è sostenuto da ritmi, da frequenze, da lunghezze d'onda differenti. La morte fisica non è, in fondo, che un'assenza di certi ritmi. Ogni pianeta, o più esattamente ogni sfera planetaria – dato che il corpo fisico del pianeta è più il marcatore di una sfera che non il suo solo elemento attivo –, è dunque contrassegnato da un "linguaggio energetico" particolare. Più si va verso il Sole, più le frequenze legate ai cerchi concentrici che la Terra e i pianeti tracciano girando intorno all'astro solare si mescolano e interferiscono tra di loro.

Non è il caso qui di tentare di spiegare la complessità straordinariamente creativa di questo sistema in relazione alla Terra. Steiner, Élisabeth Vreede, Hauschka, Walter Closs, Kolisko[1] e molti altri, per limitarci al nostro tempo, ce l'hanno spiegata in

1. La dottoressa Elisabeth Vreede, il chimico Rudolf Hauschka, Walter Cloos, esperto in mineralogia, Eugene Kolisko, medico e pedagodo, sono seguaci di Steiner, autori di diversi libri, alcuni dei quali citati nella bibliografia.

libri che si possono assimilare solo un poco alla volta, come avviene nell'apprendimento di una disciplina sportiva. Qui si tratta di presentare questi concetti solo per sommi capi, sottolineando innanzitutto, come già è stato detto più volte, che tutto ciò che fa la vita prima di essere fisico è una informazione energetica, alla quale la materia risponde in modo servile.

La materia non è mai la matrice, ma soltanto il contenuto della matrice. Ce ne rendiamo conto tutti i giorni un po' di più. Di recente, alcuni ricercatori sono già arrivati a scoprire il modo di registrare le mappe energetiche di ogni malattia umana, e le hanno repertoriate nel contesto di una promettente iniziativa che schiude la porta a metodologie di prevenzione a bassissimo costo. La diagnostica precoce di un campo vibratorio preciso – che in buona sostanza crea un avviso relativo al manifestarsi, sul piano fisico, di una malattia – permette di agire prima ancora della comparsa effettiva della stessa. In altri termini, se vengono intercettate queste frequenze particolari, oppure la mappa vibratoria di una data malattia, si sa a quel punto che il pericolo di vederla comparire fisicamente, se già non si è manifestata, è elevato. Questa spiegazione, molto incompleta ma in sé corretta, aiuta a comprendere che, quando l'informazione energetica o il campo vibratorio propizio a una manifestazione fisica precisa esiste, la dimensione fisica seguirà. Diciamo dunque, per semplificare, che tutto il sistema solare e stellare forma la somma di migliaia di mappe vibratorie che permettono uno scambio permanente tra la Terra e gli altri componenti di questo sistema. Tutto è soltanto informazione, l'abbiamo già ripetuto diverse volte.

Le forze attive dietro la composizione fisica della Terra

La Terra fisica è fatta dai minerali, dalle piante, dagli animali e dagli uomini, e tutto questo è molto accessibile ai nostri sensi. Ma non dimentichiamo che ognuno di questi componenti fisici non è fatto che di particelle riunite e addensate da specifiche forze informative.

Che cosa riunisce due atomi di idrogeno a un atomo di ossigeno per fare l'acqua, H_2O? Questa è la domanda importante, perché l'acqua non è fatta soltanto da due atomi di idrogeno e uno di ossigeno, come ci insegnano per fare di noi ingegneri agricoli o veterinari asserviti all'industria chimica. *L'acqua, oltre che da questi atomi, è fatta da una forza che li unisce in maniera molto selettiva.* Senza questa forza, non c'è acqua. Lo si può dire con un esempio molto più terra a terra: preferite mangiare una torta o i suoi componenti separatamente? Un critico gastronomico non vi fornisce forse il nome dello chef che l'ha realizzata, ossia il nome di colui che ha avuto la scintilla di genialità per riunire, assemblare, dosare degli ingredienti a modo suo, e pervenire a un piatto riuscito? Allora, perché nascondere il riconoscimento delle forze agenti, o delle forze formatrici come si dice in biodinamica? Quali sono le forze di cui si servono la biodinamica, l'omeopatia, la musicoterapia e molte altre metodologie, spesso note fin dalla notte dei tempi e i cui effetti benefici sono sempre più riconosciuti? Si tratta di forze che, semplicemente, mettono in risonanza la materia con la sua dimensione formatrice.

I due aspetti solari

Come utilizzare correttamente queste forze formatrici? Anche di questo ha trattato Rudolf Steiner nel suo *Corso agli agricoltori* e in molte altre sue opere – sono più di 300 – che trattano sempre di quanto sta dietro alla vita. La vita sulla Terra non è che un'alternanza tra un mondo invisibile e un mondo visibile, un mondo formatore invisibile e un modo formato molto accessibile ai nostri sensi fisici.

Questa alternanza avviene grazie all'interferenza di forze centripete che incarnano, e di forze centrifughe che disincarnano. Quando una pianta, a partire da un seme, dopo avere fatto il suo stelo e la sua fioritura, arriva allo stadio del polline, ha quasi raggiunto uno stadio di non-materia, che è dunque in gran parte affrancata dalla gravità. Per questo il polline vola a migliaia di metri di altezza, cosa che una radice, dominata dalle forze centripete, non può fare, ne converrete. La pianta annuale concluderà dunque il suo ciclo essendosi in parte quasi smaterializzata e, più avanti, concentrata all'estremo in forma di seme. In autunno si può osservare, dunque, il separarsi di forze che la primavera aveva riunito. Sì, incessantemente intorno a noi le forze centrifughe interferiscono con le forze centripete. Gli aromi, i sapori, i colori, non possono discendere nella dimensione fisica se non quando le forze si sono invertite, ovvero quando un processo di crescita si è fermato. Nessuna buona fruttificazione può avvenire altrimenti, e uno dei preparati della biodinamica vi contribuisce.

Certo, le due fasi non sono nettamente separate. In un dato momento, queste due fasi si intersecano. Ma non si può raggiungere un sapore elegante con una crescita troppo forzata che, in ultima analisi, contrasta i processi di concentrazione sempre latenti dietro una fruttificazione. Per questo la vite deve trovarsi, in qualche misura, in una situazione di lotta – che frena la sua crescita – per fare un buon vino; perché è grazie all'affievolirsi della crescita che le forze di fruttificazione operano più facilmente. E, come appena detto, questo processo può essere favorito da uno specifico preparato della biodinamica.

Non è dunque possibile comprendere bene le manifestazioni della vita sulla Terra senza tentare di prendere ogni volta in considerazione queste due forze contrapposte. Allo stesso modo, ogni pianeta possiede un flusso di energie che favorisce l'incarnazione fisica della pianta e un secondo flusso di energie, contrapposto al primo, che, dopo averne fermato la crescita, disincarna la pianta stessa. L'azione del Sole sulla Terra è forse così sensibile a questi due aspetti della vita che si possono chiamare – pur non essendoci vincoli costrittivi al riguardo – aspetto primaverile e aspetto autunnale? Non dobbiamo mai dimenticarci che il Sole non è veramente un attore, ma piuttosto un coordinatore.

Dobbiamo anche ricordare che due dei preparati biodinamici sostengono i due predetti aspetti solari. Da un lato, il corno-letame, che mobilizza la materia all'interno della pianta, e dall'altro il corno-silice, che scolpisce questa materia. Ogni altro preparato biodinamico – a base di achillea, di camomilla, di ortica, di corteccia di quercia, di tarassaco e di valeriana – agisce come legame con le forze archetipiche dei cinque pianeti e della Luna. La biodinamica non è che un ingrandimento dell'espressione del sistema solare sulla Terra, in un momento in cui questo sistema, a causa di enormi deficit di conoscenza, è terribilmente indebolito dalla pattumiera energetica che l'uomo fa dell'atmosfera.

L'atmosfera è prima di tutto, a livello energetico, il luogo di scambio tra le leggi della Terra e le leggi cosmiche, senza le quali la Terra sarebbe un cadavere. L'atmosfera è molto organizzata, per strati sovrapposti. Inquinare l'atmosfera a livello energetico (a livello fisico è meno grave) equivale a indebolire le forze di vita che sostengono la Terra e, di conseguenza, è ovvio, quelle che sostengono l'uomo. Per questa ragione la biodinamica è diventata così importante, e rappresenta una risposta a livello energetico a un grave disequilibrio. La biodinamica riconnette la Terra con le sue scaturigini. In questo modo si può capire la sua azione sulla radioattività, di cui è l'opposto. La biodinamica incarna, mentre la radioattività è la vita che sfugge via. Quando è naturale, la radioattività fa parte di un processo di invecchiamento necessario alla evoluzione, processo persino benefico per l'uomo, in certi casi: osservate il numero di artisti che ci sono a Praga, città dove la radioattività naturale è molto forte. Per contro, quando è l'uomo a generare radioattività, vale a dire quando la fascia di elettroni che imprigiona un calore straordinariamente concentrato dalle forze della Terra viene liberata, allora la radioattività diventa temibile.

Duecento anni fa la biodinamica avrebbe avuto un impatto minimo. Oggi è diventata essenziale, in primo luogo dal punto di vista del sapore, della qualità del vino e degli alimenti; ma anche sotto il profilo della vita di cui la Terra ha bisogno per conservare i propri equilibri. I disordini climatici ci costringeranno a capirlo. Perché il clima non è fatto che di equilibri e di armonie. Fare credere all'umanità che le sregolatezze del tempo sono semplicemente legate a un banale eccesso di CO_2 è una triste favola. È il sistema energetico che organizza la climatologia a essere colpito in pieno. Sono troppo pochi gli scienziati che prendono in considerazione le dimensioni nascoste della vita.

Un sistema "informante"

È il sistema solare e stellare a portare sulla Terra le forze che modellano la materia o che tessono i suoi fili grazie a forze di attrazione e di repulsione. Secondo le stagioni, questo sistema incarna o disincarna. Liberando l'energia di quella prigione che è la materia, non si fa che aprire un accesso a pure forze di vita che, grazie a questa liberazione, ritrovano tutta la loro potenza. L'omeopatia è proprio questo, pur essendo diversa, peraltro, dalla biodinamica... Più si diluisce, meno c'è materia e più ci sono effetti. Proprio all'inverso rispetto al piano materiale. Queste due dimensioni contrapposte, materiale ed energetica, sono attive congiuntamente ovunque intorno a noi e sono ovviamente complementari. Entrambe sono necessarie *per la comprensione della vita sulla Terra*. L'una non deve occultare l'altra.

Il sistema solare deve essere quindi considerato come un sistema "informante", incaricato di generare sulla Terra organismi che conservano forze di vita, pur raggiungendo la dimensione fisica. Quando le forze di vita sono troppo spente dalla durezza della materia, la loro fine è inevitabile perché non hanno più sufficiente influenza su di essa. Questo è chiamato morte. Non si tratta che della scomparsa di una dimensione di vita, quella fisica; quanto alla dimensione energetica, quella non può morire, ma solo trasformarsi. Questo è il senso della frase di Goethe quando diceva: «La natura ha inventato la morte per ricreare la vita».

Il sistema solare è costituito, lo sappiamo, da cinque pianeti, dalla Luna, il nostro satellite, e dal Sole che, come abbiamo detto, agisce un po' come un direttore che dà il tempo alla sua orchestra. Ogni pianeta svolge un ruolo molto preciso nei confronti delle piante, della loro crescita e della loro maturità. Ogni pianeta è un componente della vita sulla Terra. E proprio come la Terra, ognuno di essi è emettitore e recettore. Gli scienziati sanno che Giove, per esempio, è un enorme recettore radioelettrico, a volte più potente del Sole. Giove può emettere più di quanto riceva, quando uno dei suoi satelliti si trova in una certa posizione rispetto alla Terra, al Sole e a Giove stesso. Occorre intendere tutto questo come l'orientamento che si dà a un'antenna per meglio captare un'emissione, una cosa che tutti abbiamo fatto. I movimenti dei pianeti intorno alla Terra non sono che questo. Ci sono, dunque, momenti privilegiati e altri momenti in cui predominano le debolezze. In funzione della fase di crescita di ogni pianta, del lavoro che essa compie in un preciso momento e delle posizioni privilegiate o nefaste dei pianeti rispetto alla Terra, ci sono interferenze benefiche o nefaste per la qualità di un vino o di un ortaggio.

Le 50 000 "morfocromatografie" realizzate da André Faussurier quando era direttore di laboratorio all'Université Catholique de Lyon[2] hanno evidenziato una correlazione fra talune

2. André Faussurier, studioso di astronomia, teorico della morfocromatografia, tecnica ancora sperimentale derivata dalla percezione di fenomeni la cui causa è finora sfuggita a una completa interpretazione.

perturbazioni astronomiche (eclissi, nodo lunare, occultazione di pianeti da parte di altri...) e i disturbi riscontrati sulle immagini ottenute. Il già citato Lakovsky ha dimostrato, in un'epoca in cui la tecnologia non modificava ancora il sapore del vino, l'esistenza di eccellenti correlazioni tra le annate in cui l'attività delle macchie solari era estremamente intensa e le annate dei grandi vini. Sappiamo anche che le aurore boreali possono avere un effetto molto benefico sul raccolto dei cereali. È proprio questo che in Germania Maria Thun mette in evidenza da così lungo tempo nei suoi libri e nei suoi preziosi calendari[3].

Quello che è comunemente accettato per la Luna è vero anche per l'insieme del sistema solare. La Luna, nostro satellite, è un po' un intermediario tra la Terra e il sistema solare grazie al suo effetto specchio. Ha molta influenza su tutto l'elettromagnetismo di cui abbiamo parlato, e dunque su tutto ciò che attiene alla vita sulla Terra; per esempio, nell'allevamento si programma l'accoppiamento in Luna piena o in Luna nuova per selezionare il sesso dell'animale che si vuole ottenere. Questo sapere è oggi ormai acquisito dagli allevatori che operano in biodinamica.

Un sistema vivente

Il sistema solare può ora essere presentato come un sistema vivente e non come un motore i cui componenti ripetono senza sosta gli stessi gesti, dato che nulla vi si ripete esattamente nello stesso modo. Il periodo di rivoluzione dei pianeti, i loro anni se preferite, varia sempre un poco. Quello di Mercurio, il più irregolare, può variare di otto giorni. Il Sole stesso non è mai esattamente al centro delle orbite più o meno allungate che i pianeti

3. Maria Thun, tedesca, è una teorica dell'agricoltura biodinamica. Ha scritto diversi libri su piante, medicinali, orto e giardino, pubblicati in Italia da Natura e Cultura e Antroposofica Editrice.

percorrono intorno a lui. Anche i loro piani di rotazione rispetto al Sole possono presentare delle differenze, così come la loro velocità di spostamento. Questo insieme si presenta, a tutti gli effetti, come un organismo vivente. La danza collettiva della Terra e dei pianeti intorno al Sole – un po' simile a quella degli elettroni prigionieri dell'atomo – è piena di originalità e grazie a questo offre spesso particolari opportunità ai viticoltori e agli agricoltori che sanno riconoscerle e utilizzarle, come vedremo. Al tempo stesso, tutte queste irregolarità ci aiutano a capire che ogni giornata ha un suo aspetto unico non ripetitivo, cosa che peraltro ci rende più attenti alle sue particolarità. Abbiamo già visto che il nostro sistema solare si sposta a una velocità di 30 chilometri al secondo, che una parte della nostra galassia lo fa a 200 chilometri al secondo e l'intera nostra galassia a 600 chilometri al secondo. Tutto questo avviene in una apparente immobilità, poiché è possibile vedere uno spostamento solo in rapporto a un riferimento. Ce ne rendiamo conto quando crediamo che il nostro treno si sia messo in moto mentre è quello di fianco a noi che sta partendo.

Utilizzo di questo sapere

Per utilizzare questo sapere le regole di base sono semplici. Ce ne sono due e si riferiscono ai quattro stati della materia di cui abbiamo trattato all'inizio del libro.

In primo luogo, si può dire che gli impulsi planetari o stellari si esprimono nei quattro sensi principali, legati ai quattro stati della materia: quello della fruttificazione (impulso calore), quello della fioritura (impulso luce), quello della crescita delle foglie (impulso acqua) e infine quello della crescita delle radici (impulso terra). La seconda regola sta nel fatto che, secondo la posizione dei pianeti in rapporto alla Terra e in rapporto alle costellazioni stellari presenti dietro di essi, nel corso della loro rotazione intorno al Sole le differenti influenze che ne emanano agiscono in modo più o meno pronunciato, più o meno armonioso. Ritroviamo qui le leggi degli angoli o dei piani. Si possono persino, in casi precisi come le eclissi, i nodi lunari e planetari (passaggio dei pianeti attraverso il piano solare), le posizioni di apogeo o perigeo lunare (momenti in cui la Luna è, rispettivamente, più lontana o più vicina alla Terra), avere effetti molto indesiderabili.

Certo, tutta la Terra è continuamente soggetta a queste influenze, che si lavori in ambito di agricoltura chimica, biologica o biodinamica. Ma quando l'agricoltura ha ucciso la maggior parte di agenti di vita – come i microrganismi del suolo – o avvelenato i suoi recettori, allora le foglie, la pianta, sono poco o per nulla ricettive alle influenze celesti... un po' come un malato che perda una parte delle sue facoltà di comunicazione. In una conduzione agricola su base chimica, la pianta diventa dunque più sorda a questi background vitali altamente qualitativi, ed è per questo che le qualità vibratorie degli alimenti ottenuti sono così povere per l'uomo come dimostrano i test di qualità – cristallizzazioni sensibili[4] – che permettono di osservare l'organizzazione energetica di un prodotto. In altri termini, un'agricoltura irragionevole isola la pianta dal vasto contesto che le dà vita, rendendo così indispensabili, come abbiamo già detto più volte, incessanti interventi di supporto. Tutti gli esseri viventi della Terra – a cominciare dall'uomo e dalla forza del suo pensiero, ma anche tutte le piante e le loro faune specifiche, tutti gli animali, gli insetti, gli uccelli e i microrganismi di ogni natura – anche se sono minuscoli hanno un compito da svolgere in qualità di legami che uniscono la Terra al macrocosmo: ne sono gli intermediari.

È attraverso queste prese di coscienza che si può aiutare chiunque, progressivamente, a capire l'urgente necessità di rimettere in discussione l'agricoltura convenzionale.

4. Vedi N. Joly, *Le vin*, *cit.*

Illustrazione XXII — Cristallizzazioni sensibili.
Nella cristallizzazione sensibile, si fa cristallizzare un prodotto (il suo succo) mescolato con del cloruro di rame, e lo si essicca poi in una scatola di Petri. La polvere di cloruro di rame, essiccando, si dispone lungo le linee energetiche del prodotto.

A — Organizzazione energetica nulla: zucchero bianco

B — Organizzazione energetica debole: linee caotiche irregolari poco dense (sauvignon)

C — Organizzazione energetica buona: linee molto dense, molto ben centrate su tutta la superficie. Questo è il Clos de la Bergerie 2004 della mia azienda

D — Lo stesso vino dopo la lettura del codice a barre. Si vede che la vita è divenuta meno ampia: una zona meno densa in alto e forze decisamente meno evidenti alla periferia del cerchio. La lettura del codice a barre incide sulla forza di vita del prodotto

Quando si parla del macrocosmo e dei suoi componenti bisogna rendere merito al lavoro portato avanti in Germania per quarant'anni da Maria Thun, con tanto rigore e coraggio, per misurare concretamente ogni singolo impulso planetario e stellare sull'intero mondo vegetale. Questo vademecum dell'agricoltura di domani schiude nuove prospettive grandiose alla ricerca. Non è forse interessante constatare, per esempio, che alcune generazioni di semi di frumento, rese pienamente percettive ai sostrati planetari e stellari loro più confacenti, riducono, grazie a una biodinamica applicata giudiziosamente, l'incidenza delle malattie fin quasi ad azzerarla? Il grano ha così riscoperto la sua antica forza, e può nutrire l'uomo al meglio. Questa constatazione si applica, com'è ovvio, alle altre piante; ed è proprio tutto questo sapere che sta rinascendo, quale autentico dramma per certi interessi economici, i cui artifici sono sempre più evidenti agli occhi dei consumatori.

È in una fascia piuttosto stretta che i pianeti e la Terra ruotano intorno al Sole. È sullo sfondo di questa stessa fascia che stanno i segni dello zodiaco.

Insomma, se si tiene conto della posizione dei pianeti, innanzitutto tra loro e poi in rapporto alle costellazioni stellari, noi chiamiamo zodiaco il prolungamento della *fascia sottile* entro la quale si svolge la rotazione di tutti i pianeti intorno al Sole.

Se si tiene conto dell'incessante spostamento a velocità folle del nostro sistema solare, e persino della nostra galassia verso altre galassie; se si tiene conto, infine, del comportamento del Sole stesso con le sue momentanee eruzioni, e di molte altre cose ancora, allora ogni giorno è davvero unico. Ciò significa che tutti

Illustrazione XXIII — Piano di rotazione dei pianeti e della Terra in rapporto con il piano Solare. Fascia dei segni dello zodiaco sullo sfondo.

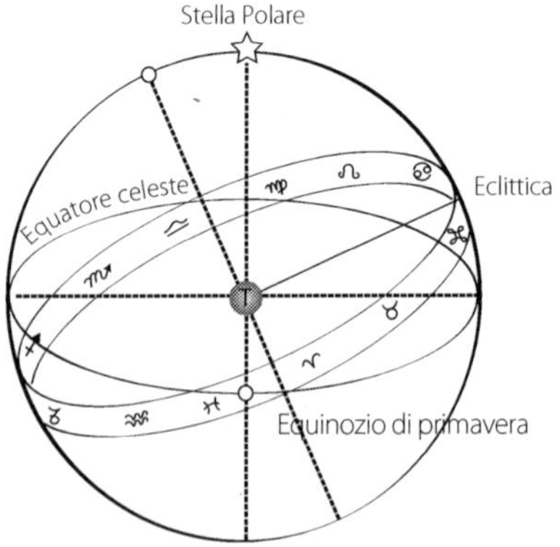

(da: *Il calendario delle semine* [pubblicazione annuale], Maria Thun, Editrice Antroposofica, Milano) gli impulsi che ci vengono dal sistema solare attraverso questo spazio vitale – di cui Faraday ha iniziato la riscoperta nel 1831, con le onde radio che lui chiamava «l'ambiente che collega il corpo eccitatore con il corpo eccitato» – sono in continuo cambiamento. Ogni angolo dei pianeti, tra loro e nei confronti della Terra, ha un effetto energetico diverso per la legge dei numeri. Sono un po' le stesse leggi che intervengono nella costruzione dei grandi luoghi architettonici, ma in questo caso la posizione, il rapporto tra gli angoli, i piani, le proporzioni cambiano a ogni minuto. È molto pertinente l'esempio dell'antenna fatto poc'anzi: occorre, a seconda di quello che si coltiva, adattare l'antenna (la pianta) alla situazione planetaria e stellare migliore possibile.

Potete ormai capire in modo chiaro, a livello teorico, che ci sono momenti favorevoli e momenti sfavorevoli. Ci sono "informazioni" sottese alla formazione armoniosa della materia, e altre che perturbano questo processo. Maria Thun ne ha fornito centinaia di esempi. Quando si sollecita un sovrappiù di vita in un determinato contesto, conviene poi tenerne conto. Il ciclo ascendente o discendente di un pianeta non genera le medesime cose. Questo lo sappiamo per la Luna, grazie all'osservazione dei risultati, ma dobbiamo comprenderlo per quanto riguarda tutti i pianeti, così da individuare delle forze di salute, per esempio per ogni specie di albero, ciascuna delle quali è soggetta a una dominante planetaria specifica.

Si semina un albero quando il suo pianeta è ascendente, lo si trapianta quando il suo pianeta è discendente. Per i pianeti lontani come Saturno ci sono astuzie che permettono di non aspettare, a volte, quindici anni il momento giusto per la messa a dimora. Bisogna tenere conto di molti altri fattori, come i nodi lunari e planetari, che sono semplicemente i momenti nei quali un pianeta attraversa un piano che non è il suo. Non è il caso qui di entrare in dettagli che potranno essere chiariti anche grazie alla bibliografia allegata a questo libro, ma di fornire una immagine chiaramente percepibile di tutte queste diversità. E tornando alla vite, mercuriana per eccellenza, la si trapianta, se possibile, con Mercurio discendente.

Tutte le particolarità del sistema che ci circonda conferiscono dunque una quasi unicità ai profili energetici informativi di ogni giornata, e ci permettono di chiederci con quali atti possiamo accrescere, sulle nostre viti, alcuni degli effetti che giudichiamo auspicabili. Tutto questo sapere dà, infatti, risultati che ognuno di noi può sperimentare e misurare a casa propria. Gli esempi sono innumerevoli. Nei luoghi in cui le leggi che generano la vita si esprimono appieno, ogni pianta reagisce al minimo impulso al quale sia connessa. Un po' come gli alunni di una classe reagiscono a tutti gli impulsi di un docente che ha saputo metterli in simbiosi con il suo sapere.

Non c'è nulla di così stupefacente in tutto questo, se ci si riflette un poco. Siamo circondati da esempi che ci incitano a procedere in questo stesso senso. Sappiamo già, scientificamente, che certe persone, con la loro presenza e il loro pensiero, possono rallentare o potenziare la crescita di una pianta; questa forza del cuore non deve essere trascurata, anzi. Sappiamo, grazie alle morfocromatografie e alle cristallizzazioni, che ventiquattr'ore prima di un'eclissi solare le piante modificano i loro comportamenti. Sappiamo che certi animali sentono un terremoto più di un giorno prima che questo si manifesti. Conosciamo la realtà dell'effetto placebo sull'uomo, che non è altro, in fin dei conti, che una informazione che si dà a se stessi. Speriamo che questa forza possa finalmente svilupparsi, invece di essere ridicolizzata. Alcuni ricercatori stanno indagando a fondo questa nuova via, non limitando il loro studio al sistema energetico, ma cominciando a operare sulla scorta degli effetti che il sistema in questione produce.

Tali scoperte possono portare a enormi progressi o a enormi problemi, a seconda della coscienza di coloro che le utilizzano. La difficoltà sta proprio qui. L'uomo è pronto per questo sapere?

La biodinamica non si accolla questo rischio, si accontenta di rafforzare un legame che già esiste e non di crearne uno arbitrariamente. Più in concreto, bisogna sapere che si possono dare informazioni energetiche a pochissima acqua per migliorare momentaneamente le qualità gustative di diversi ettolitri di vino; e questo può permettere di trascurare l'agricoltura. Come vedete, le derive possibili in relazione all'energia possono avere, purtroppo, un potenziale economico importante. Il più che ha bisogno di un meno, o lo yin che ha bisogno di uno yang, produrranno effetti poco durevoli che si invertiranno con il tempo.

In pratica

In concreto, quali atti si fanno per rafforzare le particolarità planetarie o stellari di un vigneto? È molto semplice: quando una situazione è molto propizia per la vite, ci si accontenterà di rafforzare l'influenza di queste particolarità. In che cosa consiste una situazione molto favorevole? Ci sono tre costellazioni dello zodiaco che danno impulsi di calore, quindi forze di fruttificazione, di cui la vite si serve per fare la sua uva: quella dell'Ariete, quella del Leone e quella del Sagittario. Non ci addentreremo nella spiegazione della qualità particolare di ognuno di questi impulsi, che sono tuttavia molto reali. Quelli che fossero interessati, potranno leggere le numerose opere disponibili di Maria Thun o il libro di Kranich[5], non meno puntuale. Quando sia possibile, è semplicemente una buona pratica di rafforzare i legami della vite con queste tre influenze, per sviluppare una piena complessità del vino. E questo si chiama «trattare in trigono». Certo, la si può pensare in modo diverso. Ricordiamoci che non si tratta di astrologia, ma di astronomia; vale a dire, della posizione attuale delle costellazioni

5. Ernst Michael Kranich, *Il linguaggio delle forme vegetali*, Antroposofica Editrice, Milano 1988.

che differisce di quasi 30 gradi rispetto a quella dell'astrologia, che invece coincideva con la realtà oltre 2000 anni orsono (il che non significa che le costellazioni non abbiano oggi effetti sull'uomo).

Oltre a dette costellazioni, ci sono altri due impulsi di calore, dunque di fruttificazione, che provengono questa volta dai pianeti Mercurio e Saturno. Il primo ha un anno più breve di quello terrestre, e il secondo un anno molto più lungo (equivalente a trent'anni dei nostri). Gli effetti di questi pianeti sono, inoltre, alquanto differenti. Mercurio svolge un ruolo nel movimento, nella circolazione della linfa, nella crescita, nell'aggiramento di ostacoli o di malattie. Saturno svolge un ruolo importante per quanto riguarda il sapore, la maturità, la concentrazione. Quel che si ama in un vino è gioviano o saturniano. Il libro di Kranich fornisce molti dettagli al riguardo. Non avremmo nessun frutto succoso e saporito se non intervenissero entrambi questi impulsi. Come e in quale momento rafforzarli rappresenta la questione chiave per il viticoltore. Facciamo un esempio: quando un pianeta di calore, Mercurio o Saturno, si trova davanti una costellazione di calore, i suoi effetti sono potenziati e arricchiti per sinergia. Inoltre, quando la posizione di uno o due di questi pianeti rispetto alla Terra è, per esempio, di 120 o di 180 gradi – quest'ultima situazione viene definita opposizione – la Terra, allora, situata al centro della linea retta che collega i due pianeti, li riceve meglio, così che le loro influenze si esprimono in modo ottimale. Ci sono anche altre situazioni benefiche. Voglio darne solo qualche esempio per facilitare una comprensione concreta.

Nell'esempio dato, un vigneto in biodinamica ricettivo alla vita approfitterà in tutti i modi di questa situazione. Ma quello che è interessante per le nostre viti è che si può accentuare la possibilità di nutrirsi di questi influssi positivi grazie, per esempio, a una lavorazione del suolo o a una dinamizzazione. Provvedendo alla sarchiatura anche leggera di un suolo in una data propizia – aprendo la pelle del suolo in quella data – si rendono i microrganismi

Illustrazione XXIV — Pianeti in opposizione

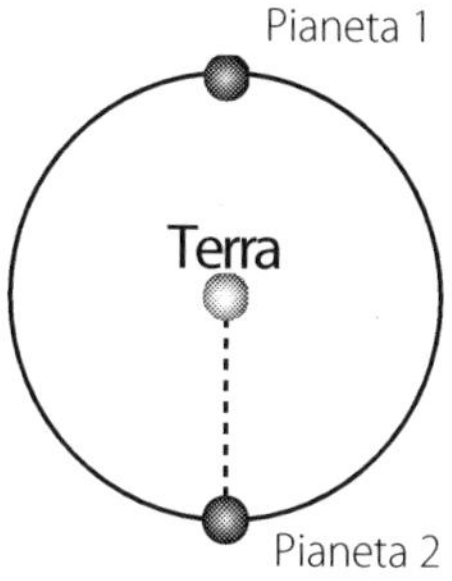

Opposizione

più sensibili alla particolare situazione testé illustrata. Un po' come, aprendo le persiane di una stanza, si è meglio esposti al tempo che fa fuori. Si può anche scegliere la medesima data per dinamizzare una preparazione. La dinamizzazione, grazie al suo vortice, si caricherà quindi maggiormente della situazione particolare di quel preciso giorno prima di essere sparsa sulle foglie o sul suolo. La vite, che ha quasi la sensibilità di un nervo, è molto ricettiva a questi effetti. Questo, e lo ripeto, non è che uno degli aspetti della biodinamica. La biodinamica è in primo luogo efficace grazie allo spargimento sistematico dei suoi preparati, una o più volte l'anno. La si può dunque praticare senza avere conoscenze del sistema solare o stellare. Ma la scelta della data, oltre naturalmente alle condizioni climatiche eccetera, è un fattore complementare importante. Tutto questo si misura, in concreto, in relazione alle rese, alla resistenza alle malattie, alla conservazione e ai sapori e aromi, con differenze molto significative. Di fatto, avremo semplicemente aiutato la pianta a meglio esprimersi, connettendola con quanto sta oltre la dimensione fisica, o con le forze archetipiche che le danno la possibilità di esprimere sulla Terra le proprie originalità. In ambito musicale si direbbe che si è migliorata l'acustica.

Quando si tenta di capire la natura profonda, così originale, di ogni pianeta e di ogni costellazione, si ha allora la possibilità di influire in modo creativo sul comportamento delle viti, aiutandole a meglio caricarsi di un impulso o di un altro che ci paia quello giusto per il nostro vigneto. Dobbiamo capire, per esempio, che gli effetti ancora centripeti che predominano quando il Sole è nella costellazione del Sagittario, nel cuore dell'inverno, in un periodo in cui nulla esce dalla Terra, sono molto differenti da quelli dell'Ariete, che porta l'impulso estremamente centrifugo della primavera. Non dimentichiamo la Luna che, girando intorno alla Terra, percorre lo zodiaco in ventotto giorni, e che ogni mese ci permette di utilizzare – in parte, almeno – ciascuna di quelle forze specifiche in un modo un po' diverso. È questo il ritorno a una concezione più artistica dell'agricoltura. Ogni giorno si può influire sulla crescita delle piante con la nostra qualità umana, e per il tramite di atti semplici, seguendo il nostro sapere relativo al sistema stellare e planetario. Occorre perfezionare poco a poco la nostra comprensione degli impulsi che danno la vita. Ripetiamolo: la vita è un dono alla Terra.

A tutto questo si aggiunge, come abbiamo visto, la costituzione sul piano fisico di un paesaggio, con la scelta di vitigni appropriati e ben cresciuti, di animali specifici adattati al luogo e di molti altri fattori che agiscono tutti come antenne recettrici degli impulsi di vita. Possiamo guardare a tutto questo come a note musicali che insieme formano uno spartito. Più note ci saranno, più gli accordi saranno numerosi, più i nostri vini saranno vibranti e musicali. La capacità di resistere all'ossidazione – e che non si confonda, per favore, l'ossidazione con l'eccesso di maturità – o, se preferite, le energie che permettono di contrapporsi alle forze distruttrici dell'invecchiamento, sono molto più forti nei vini biodinamici, che migliorano, talvolta, parecchie settimane dopo essere stati stappati, e che ne sono una dimostrazione chiara. In questi casi, le degustazioni frettolose sono molto penalizzanti per i vini veri. Quando si fanno le cose in fretta, solo il *flashy*, la “cosmetica”, cattura l’attenzione.

Questo rapido compendio della biodinamica in agricoltura ha per solo scopo il mostrare agli appassionati del vino che non si tratta di una superstizione, di un cosmo illusorio, di una astuta strategia di comunicazione, ma di una realtà che nel corso degli anni ciascuno di noi, agricoltori biodinamici, affronta con il suo ritmo, a suo modo e secondo una sua concezione. Questo approccio agricolo verso una scoperta più ampia delle leggi della vita, che non si limita più quindi alla sola materia, si imporrà gradualmente con il tempo. È la sola possibilità di offrire in modo sano al consumatore dei sapori marcati, connotati dalle specificità delle loro origini, immuni da quegli artifici lusinghieri che troppo spesso il consumatore scambia ancora, a torto, per prodotti della Terra. E se tali artifici devono essere mantenuti legalmente, con il rischio di distruggere lo straordinario concetto di denominazione di origine, che si dia allora almeno ai consumatori, a mezzo di una controetichetta, la possibilità di sapere se quello che comprano è ancora un sapore del territorio. Non è forse il minimo?

Conclusioni

Quando bevete un vino vero, quando siete commossi da sapori o da aromi particolari, è in realtà un mondo remoto che ammirate. Un mondo remoto che le leggi della Terra, rispettate e sostenute in ciascuno dei nostri atti agricoli, trasformano in una qualità fisica, che a quel punto diventa percepibile ai nostri sensi. Elargendo il suo sapere, restituendo alla Terra tutte le sue facoltà grazie a un'agricoltura rispettosa e artistica, l'uomo svolgerà pienamente il suo ruolo. Egli potrà allora ricevere in cambio molto di più, dalla creatività che ci dona quel mondo vibratorio di cui ci nutriamo quotidianamente con tutti i nostri sensi, compresa la vista. L'estetica, infatti, è anche un nutrimento; ci si dovrebbe pensare più spesso per i nostri bambini, cui troppe volte è imposta la bruttezza che rischia poi, per loro, di diventare una norma. Un uomo ben nutrito da un mondo vibratorio pienamente espresso sarà maggiormente in armonia con le forze che lo hanno fatto nascere e che lo sostengono. Il viticoltore potrebbe dire «sei quello che bevi», e l'agricoltore «sei quello che mangi».

È grazie a tutto questo che possiamo capire la leggenda di Dioniso, prima fatto a pezzi dai Titani per ordine di Era, che sta a simboleggiare l'incarnazione delle forze dell'individualità e che impone questa discesa dell'uomo sulla Terra per dare vita al suo essere individuale. Venendo fuori da un "tutto energetico" – che i Titani spezzano straziando il corpo di Dioniso – noi entriamo nel tempo, nell'ambito delle forze di Crono, e lasciamo Urano, suo padre, simbolo del tutto. Se preferite, penetriamo nel microcosmo e lasciamo il macrocosmo. Certo, questa separazione crea situazioni drammatiche, scoperte parziali, incomplete, pericolose, in relazione alle quali l'uomo, credendosi padrone del mondo, genera la distruzione della Terra.

Ma la leggenda di Dioniso trabocca di ottimismo. Narra che il suo cuore è salvato dalla dea Pallade Atena per essere affidato a Zeus. Se ne ricaverà un filtro d'amore per preparare l'unione di una mortale, Semele, con Zeus. Dioniso ne rinasce e, fecondato da nuove forze, si dedicherà a insegnare l'agricoltura, la scienza e la coltura della vite.

Questa vicenda illustra la rinascita dell'uomo grazie alle forze del cuore e all'accesso a un sapere macrocosmico nuovo di cui può fare buon uso. La biodinamica e l'opera di Steiner partecipano certamente a questa rinascita, di cui le nuove generazioni hanno tanta sete.

Ed è urgente che tale rinascita sia loro assicurata, per evitare che, in sua mancanza, queste generazioni cadano nella follia.

Bibliografia

Opere in italiano

Hagen Biesantz, Arne Klingborg, *Il Goetheanum. L'impulso di Rudolf Steiner nell'architettura*, Il Capitello del Sole, Venezia 1992

Claude e Lydia Bourguignon, *Il suolo, un patrimonio da salvare*, Slow Food Editore, Bra 2004

Rudolf Hauschka, *La natura della sostanza*, Editrice Antroposofica, Milano 1991

Eugene e Lilly Kolisko, *L'agricoltura del domani*, Agri.Bio. Piemonte Onlus, Cissone 2003

Rudolf Kutzli, *Il creativo disegno di forme*, Natura e Cultura Edizioni, Alassio 2007

Paul Pfister, *La Rotonda sul Montesiepi*, Cantagalli, Siena 2001

Rudolf Steiner, *L'iniziazione. Come si conseguono conoscenze dei mondi superiori?*, Editrice Antroposofica, Milano 2006

Rudolf Steiner, *Salute e malattia. In rapporto a vicende umane e karmiche*, Natura e Cultura Edizioni, Alassio 2006

Maria Thun, *Il calendario delle semine 2006, 2007 e 2008*, Editrice Antroposofica, Milano

Opere straniere

George Adams, Ernst Marti, Jörgen Smit, *Le Monde éthérique*, Éditions Triades, Paris 2004

Paul Adam, Arnold Wyss, *Platonische und Archimedische Körper, ihre Sternformen und polaren Gebilde*, Verlag Freis Geislesleben, Stuttgart 1994

Georges Barbarin, *Le Secret de la grande pyramide*, J'ai Lu, Paris 1969

Lilian Boehrer, *De l'Homéopathie à la biodynamie*, Nature et Progrès, Uzès s.d.

Igor et Grichka Bogdanov, *Avant le Big Bang*, Grasset, Paris 2004

Claude et Lydia Bourguignon, *Le Sol, la terre et les champs*, Éditions Ellébore Sang de la Terre, Paris 2002

Gregg Braden, *L'Éveil au point zéro*, Ariane, Outremont 1998

Walther Cloos, *La Terre, cet organisme vivant*, Mouvement de Culture Biodynamique, Colmar s.d.

Hans Dogigli, *La Magie des rayons*, Le Centurion, Paris 1958

Laurence Edwards, *The Vortex of life*, Floris Press, Edinburgh 1993

Xavier Florin, *Jardiner avec la lune*, Saep Éditions, Ingersheim 1992

Thierry Gautier, *Guide pratique de l'habitat sans nocivité pour la santé*, Conscience Verte, La Vraie Croix 2007

Thierry Gautier, *Votre maison est-elle nocive?* Conscience Verte, La Vraie Croix 2007

Gerbert Grohmann, *La Plante, une approche de sa vraie nature*, Éditions Triades, Paris 1992

Elisabeth Haich, *L'Initiation*, Éditions du Signal, Lausanne s.d.

Harald Kabisch, *Guide pratique de la méthode biodynamique en agriculture*, Éditions Triades, Paris 1973

Karl Konig, *Enveloppes animales des préparations biodynamiques,* Mouvement de Culture Biodynamique, Colmar s.d.

Maurice Le Guerrannic, *Les Sceaux des planètes de Rudolf Steiner,* Éditions Triskel, Bâle s.d.

Max Léglise, *Les méthodes biologiques appliquées à la vinification et à l'oenologie,* Le Courrier du Livre, Paris 2003

Wilhem Pelikan, *L'Homme et les plantes médicinales,* Éditions Triades, Paris 1982

A. Podolinski, *Biodynamics Agriculture, Introducy lectures,* Gavemer Publishing, Sydney 2000

Yves Rocard, *La Science et les sourciers,* Bordas, Paris 1991

Alain-G. Rose-Rosette, Marc Vercoutère, *La crise aviaire. La culture du mensonge,* Éditions François-Xavier de Guibert, Paris 2007

F. Sattler et E. von Wistinghausen, *La Ferme biodynamique,* Éditions Arts Graphiques Européens, Paris 1987

Edouard Schuré, *L'Ange et la sphinge,* Éditions Triades, Paris 2003

Edouard Schuré, *Le Drame sacré d'Eleusis,* Éditions Novalis, Montesson 1993

Theodor Schwenk, *Le Chaos sensible,* Éditions Triades, Paris 1963

Werner Christian Simonis, *Les Plantes, des préparations biodynamiques,* Mouvement de Culture Biodynamique, Colmar s.d.

Daniel Spoerri et Marie-Louise Plessen, *Guide de cent dix-sept fontaines sacrées de Bretagne,* Éditions Jean-Michel Place, Paris 2004

Rudolf Steiner, *Le cours aux agriculteurs,* Éditions Novalis, Paris 2004

Rudolf Steiner, *Dionysos et la conscience du moi,* Éditions Triades, Paris 2004

Rudolf Steiner, *L'Homme dans ses rapports avec les animaux et les esprits des éléments,* Éditions Triades, Paris 2003

Rudolf Steiner, *La Légende du temple et l'essence de la franc-maçonnerie,* Editions Novalis, Paris 1999

Rudolf Steiner, *La Quatrième Dimension: mathématique et réalité*, Éditions Triades, Paris 2002

Rudolf Steiner, *Le Premier Goetheanum*, Éditions Anthroposophiques Romandes, Genève 1982

Peter Smith Stevens, *Les Formes dans la nature*, Seuil, Paris 1978

Maria Thun, *Indications de la recherche sur les constellations*, Mouvement de culture biodynamique, Colmar s.d.

Maria Thun, *Les Mauvaises herbes (les incinérations)*, Mouvement de culture biodynamique, Colmar s.d.

Maria Thun, *Pratiquer la biodynamie au jardin*, Mouvement de culture biodynamique, Colmar 2004

Henri Vincenot, *Les Étoiles de Compostelle*, Denoël, Paris 1982

Guenther Wachsmuth, *L'Évolution de la terre*, Mouvement de culture biodynamique, Colmar s.d.

NICOLAS JOLY titolare della Coulée de Serrant, azienda vitivinicola della Loire, in Francia, è produttore di uno dei vini più famosi del mondo. Convinto sostenitore della biodinamica in viticoltura, la applica nel suo lavoro quotidiano e se ne è fatto instancabile divulgatore.

Il viticoltore che oggi pratica la biodinamica [...] saprà far discendere nelle sue viti la nobiltà dionisiaca che permette di ottenere un vino "di cuore" piuttosto che un vino "di neuroni"; un vino medicamentoso, colmo delle sottili qualità capaci di guarire. Sarà davvero un buon vino, concepito secondo le leggi che portano la vita sulla Terra, un vino che manifesta l'eleganza del mondo superiore dal quale i precetti dell'agricoltura odierna tentano sempre più di mantenerci separati.

Made in the USA
Monee, IL
08 November 2026

67968590R00102